U0106291

闖闖大灣區2019

香港創業者的第一本灣區攻略

創科香港基金會

序一

2016年，我們與李澤湘教授、陳冠華教授聯合發起香港X青年科技創新創業平台Hong Kong X，希望把紅杉十幾年來支持中國內地眾多科技創新企業的觀點和經驗，與香港教育資源中蘊含的巨大創科能力相結合，鼓勵更多香港青年加入創科這一代表未來的事業中來。為此，我們也成立了創科香港公益基金會Hong Kong X Foundation，以支持創科人才、打造更活躍的灣區創科生態為目標。

之所以在這兩個平台都取名X，是因為X代表著未來、無限和想像力，也代表著交叉跨界，這是當下以人工智能為代表的科技發展中跨學科、跨專業、需求導向式創新中特別重要的一個特徵。

3年間，在社會各界的共同努力下，香港的創科氛圍明顯升溫，創科生態明顯優化。得益於此，香港正在開始釋放自身的創科潛能。

更為讓人振奮的是，今年2月，《粵港澳大灣區發展規劃綱要》發佈，提出將粵港澳大灣區建設成具有全球影響力的國際科技創新中心，這一頂層設計規劃的藍圖，對香港著墨頗多，期望頗高。在多年預熱之後，可以展望，「科技創新」將成為香港的努力目標之一，更接地氣地從政策層面向著教育、產業、人才、資本等各個層面和人群波及、滲透開來。

作為香港創科參與者之一，這樣的目標令我們深感振奮。科技創新必然需要靈活和富有彈性的生態環境，在當下，沒有甚麼比這個強大國家所能開拓的巨大市場空間和優越條件更具吸引力。尤其是，對於香港的創科發展所具備的技術門檻高、人才素質高、資源密集而市場規模不足的現狀來說，僅在灣區內地9城產業升級的需求中，就將與香港的科技成果、科技人才產生強鏈接關係，蘊含巨大的市場動力。還不要說在面對5G時代、人工智能產業飛升及迭代進程中自覺開挖的技術儲備，粵港澳大灣區呼喚著源源不斷的創新力。

一直以來，紅杉致力於做創業者背後的創業者，我們深知創業之難，所以始終要求自己做那個為創業者雪中送炭的人。

對於尚處於起步階段的香港創業者來說，要去大灣區內地城市開拓事業，因為制度、文化環境差異，其挑戰尤其多。我們樂意再次做第一個吃螃蟹的人，做一些基礎性的工作，給香港的早期創業者提供一些具體的幫助。

我們希望，香港走出來的創業者中不斷生長出貨拉拉、大疆、商湯這樣的參天大樹，那麼今天，我們要做的就是更用心地呵護剛剛萌發的新芽。儘管這項工作可能就如鬆土、灑水、施肥一樣瑣碎甚至辛苦，但我們相信，無論是宏大的國家藍圖，還是宏偉的創業藍圖，在早期階段，做類似具體而微的「補白」都是最值得、最應該做的事情。

在本書於3月23日首次對外發佈之時，我們尚未確信香港的普通讀者是否對這個話題有興趣與需要。在最近兩三個月裏，從聯合出版集團等夥伴那裏我們得知，從市場和讀者角度看，將本書正式出版發行可能是一個必要的選擇，因為這將有助於讓現有的所謂「創科圈」之外的更多人有機會了解大灣區與香港創科發展之間的因緣。我還要特別感謝大灣區共同家園青年公益基金的同仁為此書的出版發行慷慨解囊，這一個手拉手的動作，讓人對大灣區本就蘊含的「互動、互助、互利、共榮」的內在含義有了更生動的體會。

最後，我想說明的是，正如當初為基金會和創新創業平台取名X一樣，這本書取名《闖闖大灣區》，也寄予了對未來的美好期望：無論是處於起步階段的香港創業者，還是處於起步建設階段的大灣區，最好的未來都是「闖」出來的！

——創科香港基金會主席　紅杉資本全球執行合夥人　沈南鵬

序二

青年是社會的棟樑和希望。年輕人有夢想，有熱誠，只要有合適的平台和機會，就可成就無限可能。

粵港澳大灣區建設是國家發展大局。大灣區將我們的眼光由700萬人口的國際大都會擴闊至接近7,000萬人口的世界級灣區，為未來發展帶來巨大機遇。香港要緊守「一國」之本，善用「兩制」之利，充分發揮三地綜合優勢，深化粵港澳合作，推動區域經濟協同發展。香港作為國際都會，在大灣區擔當重要角色，既促進和支持灣區內經濟發展，更讓產業於大灣區內蓬勃發展，把香港建設成為國際科技創新中心。

能夠成就青年的夢想便是關鍵所在，亦是大灣區建設的主力。「大灣區共同家園青年公益基金」於2018年成立，以「助青年 創明天」為使命，守正創新，開放包容，凝聚社會各方力量，聚焦學習、實習、交流、就業和創業，為青年發展搭台、搭梯、搭橋，幫助於青年積極向上，健康成長，創造有利青年成就人生夢想的社會環境，同時助力粵港澳大灣區開放合作，互利共贏，共享發展，改善民生。

《闖闖大灣區》是年輕人跳出框框，追逐更遠大夢想的指南。有意於大灣區開拓事業的朋友不但可借鑒過來人的創業經驗，更可深入了解於大灣區創業需要注意的事項。當然，大灣區不止創業，大家更可透過此書，獲取更多於灣區升學、就業和生活的實用資訊。

最後，我想藉此鼓勵一眾青年朋友，好好了解大灣區發展為國家、香港以至個人帶來的發展空間和動力。寄望大家能把握機遇，提升視野和競爭力，發揮所長，開創更美好的明天。

——大灣區共同家園青年公益基金主席　黃永光

前言

二十世紀八十年代，喬布斯為了邀請百事可樂總裁約翰·斯考利加盟蘋果公司，曾說了一句廣為人知的名言：「你是想改變世界，還是想賣一輩子汽水？」

這句話，幾乎成為互聯網時代創業者們的聖經。以喬布斯為代表的硅谷創業者們，不但實實在在地改變了世界，也改變了很多年輕人的人生方向。

喬布斯們播下的夢想的種子，近幾年開始在香港生根發芽：越來越多的香港年輕人開始跳出成規和傳統，擁抱互聯網為代表的新技術，成為創業者中的一員。當說起為甚麼選擇創業這條高風險道路時，他們中的很多人都不約而同地說，因為自己想「改變世界」。

曾經，香港也是年輕人逐夢的地方。無數草根通過拚搏奮鬥，白手起家，實現了人生的飛躍，也鍛造了代表香港的「獅子山精神」。但是，在互聯網時代，香港略顯落寞。直到最近幾年，情況開始發生變化。越來越多的香港創業者，正在重新喚起曾經讓香港繁榮騰飛的逐夢精神，投身到火熱的創業浪潮中。

這個改變發生的一個重要原因就是大灣區。大疆、商湯科技、貨拉拉等香港創業者創立的優秀企業，都是主動擁抱大灣區，將自己擁有的先進技術、理念、商業模式，種植在大灣區完備的產業鏈、多元的人才供給、廣闊的市場裏，不斷滋養，最終成長為改變世界的參天大樹。

在創作本書過程中，創科香港基金會對香港的創業者們做了一次問卷調查。調查結果顯示，意識到大灣區諸多優勢的創業者們，大多數已經或者正考慮在大灣區內地城市創業。

如果說喬布斯們給香港青年播下了夢想的種子，那麼，大灣區就給這些「逐夢者」提供了足夠廣闊的「造夢空間」。隨著大灣區建設的加速，未來，這裏一定會誕生更多的新喬布斯。

不過，這條路也並不平坦。

和世界上的其他灣區不同，粵港澳大灣區有極其特殊的環境：在大灣區內部，有全世界獨一無二的「一國兩制」，以及由此帶來的多元制度和文化環境。一方面，多元化是優勢，這將為灣區發展帶來巨大的想像空間和可能性，另一方面，多元化也是挑戰，尤其是如何融合多元，變為合力。

從個體的角度，這個挑戰更為直觀：正在以及打算闖蕩大灣區的香港創業者們，必須要面對大灣區內不同文化和制度帶來的挑戰，這是他們在此成為偉大創業者的第一堂必修課。

這也是創科香港基金會為香港創客們量身訂製這份大灣區「江湖行走指南」的原因：我們希望幫助香港的科技創業者們打破大灣區的資訊、制度、文化結界，拿到創業路上的fast pass。

為此，我們向香港的創業群體發出問卷，並組織創業者進行個案訪談與焦點小組座談，了解其在大灣區創業過程中遇到的障礙與收穫的經驗，從中挑選了香港創業者最關注的與大灣區營商和生活環境、公司創立、融資、營運相關的50個問題加以解答，以「開始創公司」，「擼起袖子搞營運」，「『天使』降臨送真金」，「續Fun大灣區」為主題，分別呈現。同時，通過與創業支持專業機構的訪問與合作，獲得一線的經驗與專業的提醒與指導。

由於篇幅有限，本書只收集了大灣區內地部分的普適性政策，並僅針對廣州、深圳、東莞的創業生態進行了全方位介紹。考慮到大灣區的高速發展，以及現實的複雜性，這份「江湖行走指南」難免掛一漏萬。此次正式出版，我們在3月23日首次對外發佈的基礎上做了相應的更新。未來，我們仍將適時更新內容，力爭涵蓋大灣區其他各個城市的地方性政策及整體科創生態介紹，以更好滿足香港青年創客的需要。

目錄

導圖

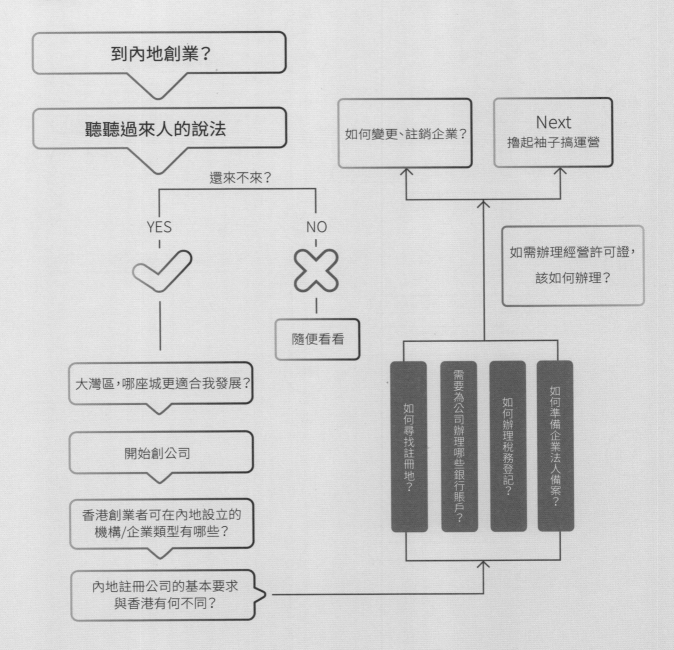

到內地創業？

聽聽過來人的說法

還來不來？

YES

NO

隨便看看

大灣區，哪座城更適合我發展？

開始創公司

香港創業者可在內地設立的機構/企業類型有哪些？

內地註冊公司的基本要求與香港有何不同？

如何尋找註冊地？

需要為公司辦理哪些銀行賬戶？

如何辦理稅務登記？

如何準備企業法人備案？

如需辦理經營許可證，該如何辦理？

如何變更、註銷企業？

Next
撸起袖子搞運營

撸起袖子搞運營

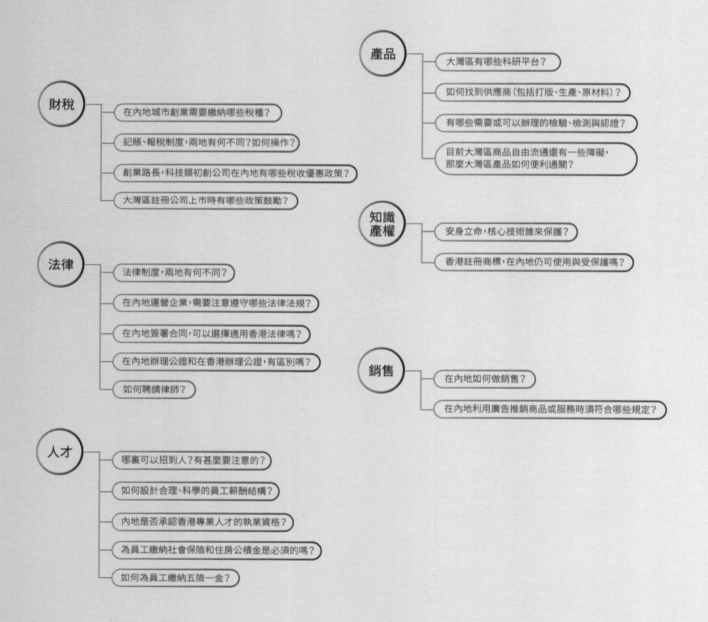

財稅
- 在內地城市創業需要繳納哪些稅種？
- 記賬、報稅制度，兩地有何不同？如何操作？
- 創業路長，科技類初創公司在內地有哪些稅收優惠政策？
- 大灣區註冊公司上市時有哪些政策鼓勵？

法律
- 法律制度，兩地有何不同？
- 在內地運營企業，需要注意遵守哪些法律法規？
- 在內地簽署合同，可以選擇適用香港法律嗎？
- 在內地辦理公證和在香港辦理公證，有區別嗎？
- 如何聘請律師？

人才
- 哪裏可以招到人？有甚麼要注意的？
- 如何設計合理、科學的員工薪酬結構？
- 內地是否承認香港專業人才的執業資格？
- 為員工繳納社會保險和住房公積金是必須的嗎？
- 如何為員工繳納五險一金？

產品
- 大灣區有哪些科研平台？
- 如何找到供應商（包括打版、生產、原材料）？
- 有哪些需要或可以辦理的檢驗、檢測與認證？
- 目前大灣區商品自由流通還有一些障礙，那麼大灣區產品如何便利通關？

知識產權
- 安身立命，核心技術誰來保護？
- 香港註冊商標，在內地仍可使用與受保護嗎？

銷售
- 在內地如何做銷售？
- 在內地利用廣告推銷商品或服務時須符合哪些規定？

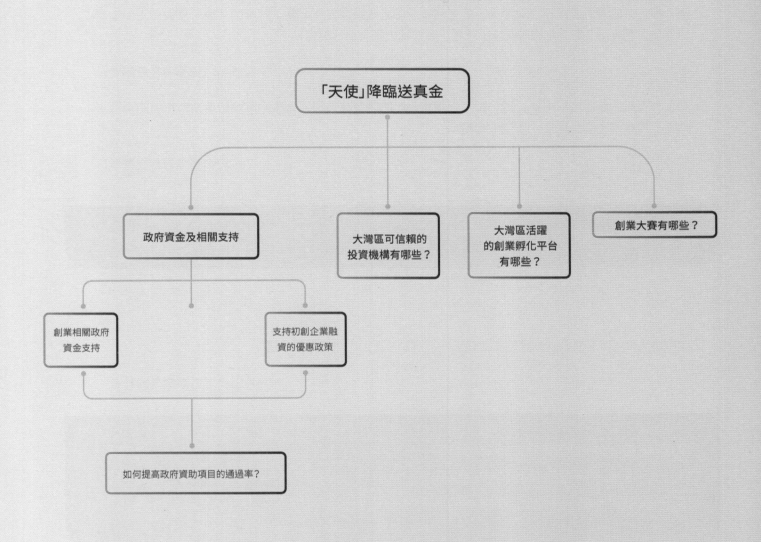

不是所有人都適合創業，首先得問清楚："Are you fit and ready？"你對數字敏感嗎？你對生意敏感嗎？你能否面對逆境？有了Fit and Ready之後，先了解自己的市場在哪裏，再問自己去哪裏創業。

——洪為民博士（前海管理局香港事務首席聯絡官）

連一杯正宗的港式奶茶都沒有喝過，怎麼能去評價港式奶茶好不好喝？同樣的，還未來過內地，怎麼能直接下定義呢？香港年輕人要多出來看，各個地方都有自己的特點。

——Adam（香港青年創業者）

港人有優勢，到內地看一看，試一試，會發現自己的成長背景和眼光會給異地的事業帶來新的東西，就算不喜歡還可以回香港，但一定要嘗試。

——Sam（香港青年創業者）

大灣區，哪座城更適合我發展？　　　　　　　　　　　　　　　　見11頁

其實國家和地區層面對創業者的支持非常多，但又有多少人知道如何申請？

——Sam（香港青年創業者）

來內地創業，是想Scale up，想擴大市場，想找錢。

——Terry（香港青年創業者）

比起香港，內地市場有更多的融資平台，從天使基金到首次公開募股，對拓展市場佔有率都十分重要。只要你有好的商業賣點，就能吸引到投資者。但只憑自身在香港積累的經驗和技術，自然是無法快速在內地發展的。

——Weihua（香港青年創業者）

我們是做智能硬件的，供應鏈、製造廠商方面，肯定還是內地好。

——文輝（香港青年創業者）

初創公司通常用不起大的供應商，但小的供應商質量又良莠不齊，這也會導致額外不必要的多次迭代。

——李澤湘（香港科技大學教授、香港X科技創業平台聯合創辦人）

初來內地，人生地不熟，不像在香港，想找到任何一個人，通過朋友或朋友的朋友，總能取得聯繫……因此尋求合作夥伴、搭建團隊是一大難題，且內地人力資源的相關規定也與香港不盡相同，需確保僱用過程的合法性。

——香港某創業者

企業要麼盡量給予高一些的工資，要麼能讓員工在工作的地方學習到更多東西、看到更美好的願景和得到更大的發展空間。

——汶羲（香港青年創業者）

初期加入團隊的，都是缺乏經驗的香港應屆生，並不了解內地相關行業和企業的法律法規，加上缺乏工廠資源和人脈資源，運營公司的過程中吃了不少苦頭。

——香港某創業者

不知道香港身份在內地生活會不會有諸多不便，又有甚麼好玩好吃的去處？

一、到內地創業，聽聽過來人的說法

隨著《粵港澳大灣區發展規劃綱要》出台，粵港澳各地紛紛出台政策，支持港澳青年到內地創業。例如：

今年5月底，廣州市委市政府正式發佈《發揮廣州國家中心城市優勢作用支持港澳青年來穗發展行動計劃》（簡稱「五計劃一平台」）支持港澳青年在廣州發展，其中不僅推出了創新創業的優惠政策，還在住房教育醫療等方面提供了面面俱到的扶持性措施。

香港特區政府鼓勵香港青年參與大灣區發展，並著力為香港青年創新創業人才提供更多發展空間及機遇，目的是令大灣區成為世界一流的國際創新創業平台。香港特區政府將透過資助和與非政府機構合作，為在大灣區各市創業的香港青年提供創業補助、支援、輔導、引路及孵化服務；亦會與廣東省政府合作，成立「大灣區香港青年創新創業基地聯盟」，建立一站式資訊、宣傳及交流平台，支持香港青年創業者在大灣區發展。

——香港特別行政區政府行政長官林鄭月娥出席《粵港澳大灣區發展規劃綱要》宣講會致辭

但是，別著急，創業畢竟是九死一生的事，而在內地城市人生地不熟的，去那裏創業，豈不是難上加難？所以，對於正在或者有打算到內地創業的你們，不妨先聽聽過來人的說法。

陳賢翰

廣東省大成注建工程設計有限公司合夥人、廣州壹品空間建築設計總監。

廣州市天河區政協委員、廣州市天河區港澳青年之家副主任、香港百仁基金理事。

90後香港創業者，2012年從香港中文大學畢業之後，在香港開始打造自己的建築設計工作室，2018年，在天河區有關部門和天河區港澳青年之家的幫助下，來到廣州創業。現在他亦加入天河港澳青年之家，將他受過的幫助與學到的經驗傳遞給更多初來廣州的港澳創業者。

來了之後發現內地市場比想像中的還要大。

「我是一個土生土長的香港人,在香港創業其實很舒服的,我們對於這個城市非常熟悉,需要甚麼資訊、去哪裏找、該問誰,都很了解。但在香港創業3-4年時間,便覺得香港真的很小,而且競爭非常大,沒有我們初創公司甚麼機會,於是我開始想我們是不是可以走出去看一看。

「廣州語言和文化都與香港相似,比較有人情味,既有歷史底蘊也有一個新城市發展的面貌,我很快就喜歡上了這座城市。最初,我看重的是內地人力成本低,計劃將後勤與智能部門放在內地,來了之後發現更重要的是市場,(廣州)市場比想像中還要大。」

只要你有理想、相信這個市場,想試一試,天河之家可以給到你很多支持。

「天河港澳青年之家是我的合夥人,而且是不拿股份的。我很幸運,遇到了天河港澳青年之家的林惠斌主任等創業前輩。不止招人,在天河港澳青年之家,你還可以問到去哪兒住,去哪兒看醫生,以及去哪兒吃火鍋。

「青年之家有好幾位都是香港來廣州創業數十年的創業者,他們對這座城市已經很熟悉,也會願意將他們的工作圈和朋友圈與我們年輕人分享。

「青年之家幫助了我之後,我現在也加入青年之家來幫助其他初來的香港創業者。扶助初創企業不是簡單的工作,第一步像工商、財務、稅務、法律等這些都是基本的問題;更重要的是市場,上游的產業鏈怎麼找供應商,下游怎麼找客戶,以及企業本身的優勢劣勢,我們(青年之家)都會點對點地溝通,從0到1給到一步一步的支持。」

我們這一代,還有機會嗎?

「回想上一代創業者,他們利用國家改革開放的機遇進入內地後開始發展他們的事業和理想,很多人都很成功。但是四十年後到了我們這一代,還有機會嗎?現在做生意很困難,進入內地,怎麼進呢?內地市場已經這麼成熟,我們來內地會淪落為陪跑嗎?

「我們的機會還是有的,粵港澳大灣區就是改革開放後給我們香港年輕人發展的一個新機會,我們要充分發揮我們香港人的獅子山精神,繼續去努力去奮鬥。而且我們現在比以前的創業者幸福多了,國家有很多政策,加上香港很多機構的扶持,我們進入內地在大灣區創業,應該會比以前那代人失敗率更低、更容易成功。」

李英豪 Tim Lee

錢方QFPay 創始人&CEO

香港中文大學畢業後在IBM香港分部和
香港恒生銀行工作數年，後開始創業。北
上創業近10年，經歷過兩次不算成功的創
業嘗試，後創辦錢方QFPay，現已成為全球
領先的移動支付和消費大數據金融公司。

到2019年6月我來北京就10年了。

「當時香港的創業環境很差，大家能想起來的創業成功者只有李嘉誠，李嘉誠的創業故事已經是半個世紀前的事了。而內地有市場，有資金，有人才，自然也更有機會。

「我剛來時，香港和內地完全不一樣。香港不僅已經普及了iphone，而且也已經有了無現金支付，比如八達通，這對生活便捷度的提升很大。我認為在香港已經發生的，在內地也有機會。所以，我要做的就是在已知的、對的方向上，把事情做出來。所以我到北京不到一年就從IBM辭職創業了。

「最初我連創業做甚麼都不知道，最累的時候，一個人天天坐在星巴克裏，孤獨，迷茫，沒有方向。大家都說，創業最大的問題是團隊，是資金。要我說這些都不要緊，最重要的就是出來開始幹。」

後悔過嗎？有沒有想過，早知道就在IBM不辭職了？

「創業第一天我問過自己一個問題：如果在IBM能隨便挑崗位，包括董事長的崗位，自己願不願意留下來？答案是不願意。因為我希望做給世界帶來不一樣的東西，而即便我不在IBM，公司的事也有人做。

「有一部很有名的電影，叫《少年Pi的奇幻漂流》。我覺得創業就是少年派的漂流，隨時會翻船，旁邊還有老虎，有時候以為上岸了但其實登上的是個食人島，要最終成功，除了自己的努力，還需要一些運氣。但是，從另一個角度看，這一路的經歷太豐富了。我敢說，創業一年所經歷的，相當於在公司幹10年。」

來內地創業要用好優勢。

「一是基於香港的特點，可以做與跨境相關的事情，二是立足於一些香港有優勢的核心領域，比如金融、機器人、AI等，另外在教育、醫療等專業領域，香港也是領先的，也可以嘗試。

「對於香港人來說，要在內地立足從來都不簡單。與以前相比，現在的創業環境有很大變化，一方面，隨著現實發展，現在的科技創業環境不如以前寬鬆了，競爭更激烈了，但另一方面，大灣區內城市的融通更便利了，創業所需的資金、人才環境好多了。」

李嘉峰 Kevin Lee

Smilie笑舒CEO

創科香港基金會X-PLAN粵港澳大灣區早期科技創業者加速計劃第一期學員。

90後香港創業者，2018年於麻省理工學院畢業後回港，2位香港合夥人，2位內地合夥人，4位90後海歸創業者來到深圳創業，吃住一起，開始了他們的深圳、廣州（工廠設在廣州）、香港三地的創業生活，致力於為客戶提供遠程優質牙醫定製牙套服務。

為甚麼選擇創業？My education tells me to do more.

「香港本土的工作機會能夠滿足大學生就業需求，職業發展也好，對他們來說比較難去選擇或嘗試創業。而且香港市場太小了，大多數人也並不會想要創業。

「對我來說，我在MIT上學時看到很多人創業，他們能做一些改變世界的事情，且從收益上看也是正面多一些，這很讓人興奮。我們團隊都在國外待過，但在美國創業對我們非當地人來說又比較難，深圳 is a good start for company。」

每個地方都有差異，都需要時間去適應，這很正常。

「我們到深圳時甚麼都沒有。我們希望產品服務中國市場，所以別的就不管了，先去了深圳。作為內地一線城市，深圳和香港差不多，生活起來很習慣。

「每個地方都有差異，都需要時間去適應，我們之前在英國、美國生活都是這樣，這很正常。」

老實說創業比想像中要難。

「我覺得學生創業確實很難，難的地方不只在資金，還有（我們）行業經驗太少了，以及很多地方需要資源與人脈。

「找到當地資源是最大的困難，政策申請、孵化器以及供應商等等，要找到真正能用上的資源都需要時間和一些運氣。比如雖然在百度上可以找到很多渠道，但你不知道哪個供應商可勝任，若有人能幫忙對接會好很多。

「後來入駐的一家共享辦公平台給了我們很多資源，我們還跟著這家平台去到了不同城市，他們的選址都很好，即使你不了解這個城市，也知道哪裏是好地方。創科香港基金會也幫了很多忙，對接了代辦，幫我們解決了財務、法務等事情。」

沒有粵港澳大灣區這個概念，我們也會先在深圳開始，Market driven。

「用一個學生的心態去做創業還是挺好的，當作去學習的一次嘗試。在香港，（如果創業失敗後）你回去找工作也可以找到很多很好的工作，如果你真的對創業感興趣，就投入全部精力去做一年，才會發現這個是不是你真正想要的東西。還有另一點是需要市場驅動，找到一個好的方向，才能夠做成做大，嘗試一年兩年看下有沒有機會。

「深圳真的有幫助嗎？我也不知道，但怎麼說都比香港好。無論從市場推廣、還是公司運營（申請資質）等，到深圳落地都還是更快速的。沒有粵港澳大灣區這個概念，我們也會選擇先在深圳開始，Market driven。」

最後，再來聽一位大咖的意見：

李澤湘

現任香港科技大學電子與計算機工程學系教授，香港X科技創業平台聯合創辦人，香港科技大學自動化技術中心（ATC）和機器人研究所（RI）創始人，固高科技有限公司董事長，大疆創新科技有限公司董事長，松山湖機器人產業基地董事長，香港清水灣創業基金發起人，香港政府創新、科技及再工業化委員會成員，港深創新及科技園董事。

大疆創始人汪滔，李群自動化創始人之一石金博，逸動科技創始人之一陶師正，都是從李澤湘在香港科技大學的3126實驗室走出的創業者。他常對學生說，不要沉迷於港科大的美景，要幹一番事業，應該到一線工廠去，到大灣區去！

在大灣區，你可以走得比別人快很多。

「創業是很難的，大學生創業更難，硬件創業更是難上加難。不過，經過過去十幾年的摸索我們也找到了一些獨特的方式，那就是快速的迭代，而大灣區對快速迭代提供了獨一無二的優勢。

「粵港澳大灣區有全世界最齊全的製造業供應鏈體系，在這裏把創新的想法轉化成產品的速度將是硅谷或者其他地方的大約5-10倍，但成本或許只是它們的1/5甚至是1/10。而且，大灣區背靠中國超過3億規模的中產階級市場，這和美國的總人口相當。這就意味著面對這麼大的一個市場，有很多試錯的機會，你可以走得比別人要快很多。

「所以，我希望大家有一個共識：粵港澳大灣區有非常好的創業條件，在這裏創業，瞄準的目標可以是打造一個立足於大灣區的國際品牌，不能讓自身受限於香港或深圳某個單一的地理區域內。

「我們要讓粵港澳大灣區成為新的硅谷，而這個過程中，最重要的就是人。建設新硅谷，需要更多新的喬布斯、扎克伯格。」

9

如果你看完實在是心有畏懼，建議你還是稍微再等等；懷揣夢想，你可以通過參加不同的內地實習資助、就業與交流計劃，以了解大灣區機遇，積累人脈、資源和資本，修煉內功，等待時機再出發。

如果你已經Ready，那，我們就準備出發了！

二、大灣區，哪座城更適合我發展？

有人說，「選擇一座城市，也就選擇了這一生」。「良禽擇木而棲」，確定進入灣區內地市場發展這一步之後，「覓地方」是首先要做的重要選擇。「覓地方」的關鍵，就是選城市。

粵港澳大灣區包括香港和澳門兩個特別行政區，以及廣東省廣州、深圳、珠海、佛山、惠州、東莞、中山、江門、肇慶9市，總面積5.6萬平方公里，2017年末總人口約7,000萬人，是中國開放程度最高的區域之一，在國家發展大局中具有重要戰略地位[1]。

但是，從各地發展定位來看，灣區9城「口味」和優勢資源又各不相同。了解每個城市的「偏好」與「擅長」，哪些地方的產業環境更佳，經營成本更低，生活更便利，資源更豐富，才能確定哪個城市可以更好地支持公司發展，更匹配你的創業與生活。做這個判斷是創業者必然要面對的命題，直覺、果斷、勇氣，缺一不可。當然，勇與謀之外，還有些不可盡言的「運氣」。

粵港澳大灣區各市產業佈局圖[2]

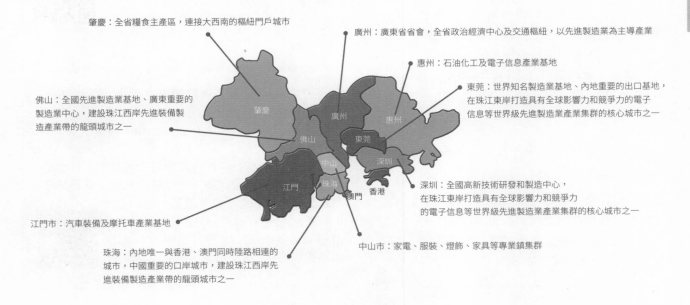

肇慶：全省糧食主產區，連接大西南的樞紐門戶城市

廣州：廣東省省會，全省政治經濟中心及交通樞紐，以先進製造業為主導產業

惠州：石油化工及電子信息產業基地

東莞：世界知名製造業基地、內地重要的出口基地，在珠江東岸打造具有全球影響力和競爭力的電子信息等世界級先進製造產業集群的核心城市之一

佛山：全國先進製造業基地、廣東重要的製造業中心，建設珠江西岸先進裝備製造產業帶的龍頭城市之一

深圳：全國高新技術研發和製造中心，在珠江東岸打造具有全球影響力和競爭力的電子信息等世界級先進製造業產業集群的核心城市之一

江門市：汽車裝備及摩托車產業基地

中山市：家電、服裝、燈飾、家具等專業鎮集群

珠海：內地唯一與香港、澳門同時陸路相連的城市，中國重要的口岸城市，建設珠江西岸先進裝備製造產業帶的龍頭城市之一

---

1. 《粵港澳大灣區發展規劃綱要》。
2. 粵港澳大灣區各市產業佈局圖與各城市介紹，資料來源：大灣區網，https://www.bayarea.gov.hk/tc/about/the-cities.html。

無論是乘坐廣九直通車還是新近開通的廣深港高鐵，我們最先會來到深圳、東莞、廣州這3座城市，它們也將成為我們本次介紹的重點。

（1）深圳

高新技術產業、現代物流業、金融服務業、文化產業是深圳的四大支柱產業。深圳重點發展生物、互聯網、新能源、新材料、文化創意、新一代信息技術、節能環保等「七大戰略性新興產業」，以及生命健康、海洋、航空航天、機器人、可穿戴設備、智能裝備等「未來產業」。內地重要的高新技術研發和製造基地，多家著名高新技術企業如華為、中興、騰訊皆落戶於此。深圳設有證券交易所，並於2015年成立港深金融創新合作平台——前海自由貿易試驗區。

《粵港澳大灣區發展規劃綱要》對其部分規劃：發揮作為經濟特區、全國性經濟中心城市和國家創新型城市的引領作用，加快建成現代化國際化城市，努力成為具有世界影響力的創新創意之都。

香港特別行政區政府駐粵經濟貿易辦事處（駐粵辦）於2002年7月成立，主要職能包括加強香港與駐粵辦服務範圍內的福建、廣東、廣西、海南及雲南（五省區）的聯繫和溝通；促進五省區與香港在經貿和其他範疇的交流與合作；加深內地民眾對香港的認識；以及為在五省區遇上困難的香港居民提供實務性的協助。

地址：廣東省廣州市天河北路233號中信廣場71樓7101室
郵編：510613
電話：(86 20) 3891 1220
傳真：(86 20) 3891 1221
網址：http://www.gdeto.gov.hk
電郵：general@gdeto.gov.hk

廣東省投資諮詢/服務機構簡表請關注《投資諮詢/服務機構簡表》：http://www.gdeto.gov.hk/tc/-doing_business/related_site.html，包括：

I.廣東省主要諮詢/中介服務機構：為外商（包括港商）提供投資/政策諮詢、代辦外商投資企業和外商常駐代表機構設立手續等服務；
II.廣東省與經貿有關行政機構；
III.廣東省各市行政/政務服務中心；以及專業服務機構（信息諮詢、專利、商標等）

關於廣東省商貿政策、法規和經濟發展的最新資料，可關注駐粵辦網站《駐粵辦通訊》：http://www.gdeto.gov.hk/tc/news-lette

現有的深圳青年服務平台：

香港X科技平台前海總部基地　由香港X科技創業平台、香港清水灣機器人技術投資有限公司、前海科創投控股有限公司三方於2017年12月共同在前海設立。前海總部基地依託前海、發揮前海地理優勢、政策優勢、人才優勢，結合大灣區科技產業化優勢、市場優勢，為香港青年創業提供物理空間及人才公寓等一系列政策便利條件，支持香港科技成果轉移及產業化在大灣區落地。前海總部基地聚焦芯片、人工智能、機器人、金融科技、新型材料等大灣區優勢領域合作發展，致力於香港創科人才與大灣區人才融合發展，打造香港創科內地融合發展的示範基地，發掘大灣區新的獨角獸。

前海深港青年夢工場　成立於2014年，位於深圳市前海片區，是服務深港及世界青年創新創業、幫助廣大青年實現創業夢想的國際化服務平台。夢工廠以現代物流、資訊服務、科技服務、文化創意產業及專業服務為重點，為青年和初創企業提供場租減免、稅務優惠、財政支援、創業基金、通訊移動、住房配套等一站式專業創業及營商服務。

深港青年眾創空間—香港青年專業聯盟（前海）眾創空間（YPA SPACE）　由香港青年專業聯盟於2016年在前海發起成立。空間為青年創業提供「10天完成內地公司註冊與入駐」的一站式服務，空間的服務人員均可以以粵語交流，提供關於所有內地創業的「財稅法律、社保人力資源、知識產權」等基礎知識的培訓與服務，跟進團隊創業每個階段所需要的公司管理、商業框架、市場營銷、產品品牌、競爭力分析等專業培訓，更為優秀的團隊提供了超過50家合作的投資機構以及空間本身的種子、天使期投資資金。

深圳虛擬大學園　成立於1999年，位於深圳市高新區，是創新型產學研結合示範基地，供創新創業載體在深圳開展創新創業、科學研究、人才培養、科技創新、成果轉化、深港合作等方面的工作，已逐步形成了特色鮮明、專業突出的高端人才宜居地、研發機構聚集地和中小科技企業集散地。

深圳市留學生創業園　成立於2000年，位於深圳市高新區，是吸引和協助海外留學生回國創業、扶持留學生企業發展的重要平台。創業園採用「政府引導，留學生管理」的運作模式，為創業者提供基礎設施、創業輔導、融資、人才引進、交流培訓、市場推廣、管理諮詢、項目推介、聯誼溝通等服務。

深港青年創新創業基地　成立於2013年，位於深圳市南山區智園，是深港澳青年在深圳創新創業的主要平台。基地採用「政府引導，香港團隊營運」的模式，為有志到深圳創新創業的港澳青年提供優惠的辦公場地、完善的配套設施和專業諮詢服務，可實現創新創業「拎包入駐」。

觀瀾湖藝工場　成立於2016年，位於深圳市龍華區觀瀾，是深港澳重要的文創平台，集合了手工體驗、原創設計、博物展覽、科技創客、文化娛樂五大概念於一體。

香港青年大灣區三業服務中心　位於深圳南山區中部，是由香港新青會在有關部門的大力協助與支持下建立，目標是立足深圳，利用大灣區資源為香港青年解決就業、創業、置業的問題，致力打造一個針對香港青年、香港青年企業到內地創業與發展，提供完善的餐飲住宿、辦公場地、互動社交、法務諮詢等各類專業服務，為香港青年在大灣區築夢圓夢提供說明的綜合服務平台。

粵港澳青年創新創業工場（福田）　為深港科技創新合作區（深港河套科技園）引進的首批專業孵化器，該孵化器得到福田區政府支持，福田區科技創新局、青年聯合會與深圳市深港科技合作促進會合作共建，孵化器注入政府及社會資源，為來深創業的香港、澳門青年提供創業孵化、住宿、培訓、交流、政策指導、城市融入等完備的服務，孵化器先後接待國家及廣東省、深圳市領導視察並得到認可，多個項目已成長為業界隱形冠軍。

深圳一直非常重視和香港的合作，深圳市科創委設有深港創新圈專項資助，深圳市科協有科技社團聯盟平台和科技交流中心服務香港青年，各區都有專項政策支持香港青年創新創業和人才交流等，香港各大機構及高等院校也在深圳設有窗口和合作夥伴。

香港科技園與深圳集成電路設計國家產業化基地互設窗口服務辦事處，香港生產力促進局在深圳南山福田分別設有培訓基地技術轉移中心和MIT創新平台，香港數碼港與深港產學研基地、深港科技合作促進會建立了戰略合作夥伴關係，堅持十餘年推進青年創業計劃。香港貿發局自90年代起就在深圳設立代表處，搭建企業與市場的橋樑。香港工業總會珠三角代表處設在深圳，提供對香港企業的全力支持。香港科技大學與北京大學、深圳市政府合作在高新區設立深港產學研基地，孵化了固高、幻音、大疆、瑞聲等高新技術企業。香港科技大學深圳研究院還設有孵化基地開展百萬獎金活動。香港中文大學、理工大學、城市大學、浸會大學在深圳有獨立法人資格的研究院，香港中文大學深圳分校等。香港大學、香港應科院也有研究平台在深圳開展合作研究。

——深圳市深港科技合作促進會會長　張克科

（2）東莞

世界知名製造業基地、內地重要的出口基地，擁有電子資訊、電氣機械及設備、紡織服裝鞋帽、食品飲料加工、造紙及紙製品等五大支柱產業，另有玩具及文體用品製造、家具製造、化工製品製造以及包裝印刷等特色產業。

《粵港澳大灣區發展規劃綱要》對其部分規劃：支持東莞與香港合作開發建設東莞濱海灣地區，集聚高端製造業總部、發展現代服務業，建設戰略性新興產業研發基地。

現有的東莞青年服務平台：

Xbot Park－松山湖國際機器人產業基地　是2014年由香港科技大學李澤湘教授、原香港科技大學工學院院長高秉強教授、長江商學院副院長甘潔教授等一眾優秀的創業導師聯合發起。通過連結香港、內地及全球的高校、研究所、上下游供應鏈等資源，充分理解創業者需求，為其提供全方位資金支持。Xbot Park專注機器人及相關行業的創業孵化，通過打造完整機器人生態體系——「基地＋基金」的模式，使被投團隊和企業具備核心競爭優勢。

東莞天安數碼城科技企業孵化器　是國家級科技企業孵化器，已建立港澳台合作平台，設置T+Space眾創空間和華裔青年創業基地，通過金融服務、人才合作、技術支撐、專項服務和政策扶持港澳台企業。現時，園區內的港澳台企業有11家，東莞港澳台產學研項目多達21個，孵化器培育項目4個。

粵港澳大灣區聯合創新創業基地與粵港澳青年文化創意交流服務中心　由香港港雋動力青年協會與松山湖博泰創意服務中心及東莞相關青年團體和企業攜手打造，位於東莞市松山湖高新科技區總部1號14棟4至6層，面積逾5,000平方米。基地與中心將依託松山湖博泰創意服務中心的全產業鏈平台優勢與港雋動力青年協會的人才優勢，圍繞兩地青年交流、考察、實習、創新、創業以及企業對接等領域開展工作。

常平科技園　港澳台資企業技術領域涵蓋了工業設計、新材料新技術、信息技術、軟件及網絡科技企業、檢驗檢測等。現時，常平科技園入駐企業5家，在孵項目12個。

東莞台灣青年創新創業服務中心　於2016年成立，是國務院頒發的東莞首個海峽兩岸青年創業基地。2018年起引進港澳項目，現時已有來自香港的機器人項目。

蟻巢海峽兩岸青年創業孵化器　是全國最早的兩岸四地青年創新創業孵化基地之一，服務港澳台團隊、企業超過50個。現時已經入駐的32個團隊中有16個是港澳台團隊。

聯豐創意谷科技企業孵化器　為東莞和香港青年創業者提供舒適的辦公環境，並提供人才服務、政策諮詢、融資創投、成果轉化、資源對接等孵化服務，以支持推動青年創業。現時，已有10家粵港澳台企業/項目入駐。

粵港青年創業孵化（莞城）基地　於2018年成立，以「基地+基金」的模式，集中吸引東莞和香港的青年創新創業，並為創業者提供舒適的辦公環境、人才服務、政策諮詢、融資創投、成果轉化、資源對接等服務形式。

(3) 廣州

廣東省省會，是全省政治經濟中心及交通樞紐，設有南沙自由貿易試驗區。廣州以先進製造業為主導，以汽車、電子、石化三大支柱產業為引擎，以汽車、船舶及海洋工程裝備、核電裝備、數控設備、石油化工和精品鋼鐵等六大優勢先進製造業基地為基礎，以50多個產業集聚區及園區為載體；東部以汽車、石化、電子為主，南部以臨港裝備製造業為主，北部以空港經濟為主。

《粵港澳大灣區發展規劃綱要》對其部分規劃：充分發揮國家中心城市和綜合性門戶城市引領作用，全面增強國際商貿中心、綜合交通樞紐功能，培育提升科技教育文化中心功能，著力建設國際大都市。

現有的廣州青年服務平台：

華南新材料創新園　於2013年成立，是國家級科技企業孵化器、國家級眾創空間、省小型微型企業創業創新示範基地、省孵化育成體系建設試點單位，主要集聚的產業包括新材料、生物醫藥、電子資訊、節能環保和高技術服務業，目前入駐企業478家，「千人計劃」專家項目20個，高新技術企業87家。

「創匯谷」—粵港澳青年文創社區　於2016年成立，主要集中高新科技、互聯網、文化創意和電子商務，重點面向粵港澳本土文化創意類青年人才，社區內設有青年創業孵化基地、青年創業學院、青年創意工坊、青創人才公寓、青創共享餐廳等功能區，免費提供企業孵化、代辦註冊、法律諮詢、行銷及人才服務。

天河區港澳青年之家創業基地　於2017年成立，是廣州市第一家港澳青年之家，設立3個創新創業基地，分別是廣州專創信息科技有限公司、ATLAS 寰圖辦公空間和TIMETABLE精品聯合辦公，並在暨南大學設立工作站，為來天河創新創業的港澳青年提供創業培訓、創業導師輔導、企業孵化、工商註冊、創業配套服務以及落地信息諮詢解讀（包括法律法規、稅務諮詢、國家政策等）。

Brinc Venture Accelerator 繽創國際投資加速器　總部位於香港，在廣州亦設有分部。Brinc 為科技創業者度身訂造綜合課程，協助國際和國內初創團隊，加快他們的創業進程以及創造可持續成功的公司。

(4) 珠海

內地唯一與香港、澳門同時陸路相連的城市，中國重要的口岸城市，建設珠江西岸先進裝備製造產業帶的龍頭城市之一。六大工業支柱行業：電子信息、生物醫藥、家電電氣、電力能源、石油化工和精密機械製造。

《粵港澳大灣區發展規劃綱要》對其部分規劃：建設珠海通用航空產業綜合示範區；研究探索建設澳門－珠海跨境金融合作示範區；支持珠海等市發揮各自優勢，發展特色金融服務業；在珠海橫琴建立港澳創業就業試驗區；推進珠海橫琴粵港澳深度合作示範。

(5) 佛山

全國先進製造業基地、廣東重要的製造業中心，中財辦和國家發改委確定的全國唯一的製造業轉型升級綜合改革試點城市，建設珠江西岸先進裝備製造產業帶的龍頭城市之一。佛山工業體系較為健全，涵蓋了幾乎所有製造業行業，家電、家具、陶瓷、機械裝備、金屬加工等傳統行業優勢突出，光電、新材料、生物製藥、機器人、新能源汽車等新興產業蓬勃發展。當前正大力發展現代優勢產業集群，力爭通過若干年努力，把智能裝備及機器人、智能家電、新能源汽車等產業打造成世界級的先進製造業集群。

《粵港澳大灣區發展規劃綱要》對其部分規劃：支持香港與佛山開展離岸貿易合作；支持佛山南海推動粵港澳高端服務合作，搭建粵港澳市場互聯、人才信息技術等經濟要素互通的橋樑。

（6）惠州

石油化工及電子信息產業基地。惠州是世界最大的電話機、彩電、激光頭生產基地,亞洲最大的組合音響生產基地,中國最大的汽車音響、DVD、手機生產基地之一。

《粵港澳大灣區發展規劃綱要》對其部分規劃:推進惠州仲愷港澳青年創業基地建設;高水平打造惠州粵港澳綠色農產品生產供應基地。

（7）中山

一代偉人孫中山先生的故鄉。家電、服裝、燈飾、家具等專業鎮集群。

《粵港澳大灣區發展規劃綱要》對其部分規劃:支持中山推進生物醫療科技創新。

（8）江門

祖籍江門的華人華僑和港澳台同胞人口眾多、分佈全球五大洲,有「中國第一僑鄉」的美譽。此外,江門是汽車裝備及摩托車產業基地。

《粵港澳大灣區發展規劃綱要》對其部分規劃:積極推進中國(江門、增城)「僑夢苑」華僑華人創新產業聚集區建設;支持江門與港澳合作建設大廣海灣經濟區,拓展在金融、旅遊、文化創意、電子商務、海洋經濟、職業教育、生命健康等領域合作;加快江門銀湖灣濱海地區開發,形成國際節能環保產業集聚地以及面向港澳居民和世界華僑華人的引資引智創業創新平台。

（9）肇慶

全省糧食主產區,連接大西南的樞紐門戶城市。

《粵港澳大灣區發展規劃綱要》對其部分規劃:高水平打造肇慶(懷集)綠色農副產品集散基地。

看到這裏，你是不是還有點心裏沒底？有沒有更好的辦法盡快了解大灣區內地九市的環境呢？

你可以通過港青團體、校友會等尋找前輩、同鄉或同好，甚至直接找一個內地合夥人，幫你快速上路，少走彎路。而且，我們要提醒的是，創業路上，永遠記住，多個朋友多條路喔。

此處插播一則廣告：歡迎加入X-PLAN大灣區早期科技創業者加速計劃，助你走好大灣區科技創業第一步！

三、開始創公司

一個志在改變世界的創業者，在創業之初，最重要的是甚麼？偉大的志向？獨特的商業模式？超前的產品？對對對，都對，但是，還有一件「小事」—— 做好商事登記，給公司拿到一張完備合法的「出生證」。

兩地制度與政策不同，內地商事登記手續較為繁複，且作為香港人到內地註冊公司，更是有不少講究，商事登記是香港創業者將要面對的第一個難題。

創科香港基金會對香港創業者所做的調查也顯示，關於公司註冊方面，香港的創業者們疑問層出不窮。兩地公司制度有何不同，稅務登記、其他政策法規、註冊文件及基本流程、需要申請許可的經營領域等幾乎所有調查涉及的具體環節，絕大多數創業者都有強烈的了解訴求。

在本節，我們將為您介紹內地商事註冊相關事項與具體操作，更有根據創業者的經驗教訓總結而成的tips為您奉上，希望給您最直接有效的指引。

然而現實情況千變萬化，紛繁複雜，必須要提醒的是，各地政策差異較大，具體細節還需申請人密切關注官方政策網頁的最新申報指南。

1. 香港創業者可在內地設立的機構/企業類型有哪些？

在「一國兩制」下，香港投資者在內地投資設立機構/企業，參照對外國投資者的管理辦法，主要有以下幾種形式[3]。

▲外國企業常駐代表機構

外國企業常駐代表機構（以下簡稱「常駐代表機構」）可從事與其母公司業務有關的非營利性活動，或進行與業務有關的聯絡活動，不得從事直接性經營活動。常駐代表機構不具有法人資格。

▲個體工商戶

作為《內地與香港關於建立更緊密經貿關係的安排》（CEPA）的一項優惠政策，香港永久性居民中的中國公民可以依照內地有關法律、法規和行政規章，在內地各省、自治區、直轄市設立個體工商戶，無需經過外資審批，沒有從業人員人數和經營面積的限制，個體工商戶可以從事的經營範圍包括零售、餐飲、計算機服務、廣告製作、診所、經濟貿易諮詢和企業管理諮詢等在內的多種行業。

▲外商投資企業

外國投資者可在內地投資設立的企業形式主要有以下幾種：
· 外商獨資企業
· 中外合資經營企業
· 中外合作經營企業
· 外商投資合夥企業
· 外資分公司

類型		定義
外商獨資	外商投資有限公司	境外的個人或企業，在中國境內設立的全部資本由境外投資者投資的企業
中外合資	中外合資經營企業	中國與境外合營者在中國境內共同投資、共同經營、並按投資比例分享利潤、分擔風險及虧損的企業
	中外合作經營企業	以確立和完成一個項目而簽訂契約進行合作生產經營的企業，是一種可以有股權，也可以無股權的合約式的經濟組織
外資合夥企業		兩家以上外國企業或者個人在中國境內設立的合夥企業，以及外國企業或者個人與中國的自然人、法人和其他組織在中國境內設立的合夥企業
外資分公司		境外公司在中國境內設立的不具有法人資格的從事生產經營活動的經濟實體（僅適用於銀行和保險等金融機構）

3.關於在內地成立外資公司的更多問題，可參考港府駐粵辦營商指南：
https://www.gdeto.gov.hk/tc/doing_business/doing_business_t.html。

2. 內地註冊公司的基本要求與香港有何不同？

公司類型、公司名稱、註冊資本、股東及出資金額、註冊地址、經營範圍、公司高管是公司註冊核心要素，確認後要到工商、稅務部門提交所需完整資料。不同地區註冊所需時間不同，在深圳前海大約4個工作日即可完成註冊登記[4]。

大部分香港創業者會選擇通過中介機構辦理公司註冊事宜，省時省事，公司註冊代辦費用約為人民幣7,000-9,000不等。也有些中介會以較低廉的費用代辦，但要求公司外包記賬報稅事項，並不見得會更合算。

——某香港創業者

港青內地註冊公司類型一覽表

類型	內地	香港
主要的公司類別	有限責任公司、股份有限公司	股份有限公司、擔保有限公司
公司名稱	正式名稱必須是中文	公司名稱可用英文或中文註冊，公司可同時註冊一個英文名稱和一個中文名
設立公司費用	在內地設立公司無註冊費用	註冊股份有限公司費用為港幣1,720元；註冊擔保有限公司費用為港幣170-1,025元（成員人數不同影響費用不同）
實繳股份/註冊資本	除對特定行業註冊資本最低限額另有規定外，無最低註冊資本的金額限制	無最低實繳股本的金額限制
外匯管制	內地有外匯管制	香港沒有外匯管制

4. 您可通過廣東政務服務網查詢詳細辦理流程：http://www.golzwtw.gov.cn/portal/legal/hot?regopm=440313。

類型	內地	香港
公司組織結構	有限責任公司： 設董事會，其成員為3-30人。股東人數較少或者規模較小的有限責任公司，可以設1名執行董事，不設董事會； 設監事會，其成員不得少於3人。股東人數較少或者規模較小的有限責任公司，可以設1-2名監事，不設監事會； 可以設經理，由董事會決定聘任或者解聘 股份有限公司： 設董事會，其成員為5-19人； 股份有限公司設監事會，其成員不得少於3人； 設經理，由董事會決定聘任或者解聘	1間私人公司必須有1名公司秘書及最少1名屬自然人（即個人）的董事，公司秘書職位不得同時由公司的唯一董事兼任。只有1名董事的私人公司不得委任1個以該董事為唯一董事的法人團體作為公司秘書 1間公眾公司或擔保有限公司必須有1名公司秘書及最少2名董事，公司秘書職位可由其中1名董事兼任。法人團體不得出任公眾公司或擔保有限公司的董事

註冊資本數量參考所在行業的資質要求。同時，國內目前實行註冊資本認繳制，註冊資本無需一次繳清[5]。

對於初創企業，「有限責任公司」是最為合適的企業類型，原因如下：

(1) 股東只需以出資額為限承擔「有限責任」，在法律層面上將公司和個人財產予以區分，可以避免創業者承擔不必要的財務風險。

(2) 運營成本低，機構設置少，結構簡單，適合企業初創階段。

(3) 目前成熟的天使、VC，大多均基於「有限責任公司」設計投資方案。註冊「有限責任公司」，有利於未來引進投資。

如果在香港有公司，要在大灣區成立分公司或子公司，需要注意甚麼？

分公司或子公司的行業性質要與總公司同等，以註冊地點區分名稱。流程與公司註冊類似，在工商管理局辦理。此外，需要注意的有：

(1) 需要做香港公司公證；

(2) 開戶行出具銀行資料證明；

(3) 在內地的辦公地址要有房屋租賃憑證（又稱「紅本租賃合同」）。

3. 香港人在內地註冊公司，經營範圍會有哪些限制[6]？如何處理？

港人在內地註冊何種類型公司，要考慮　　「純外資」是否允許進入某些行業領域、外資佔比上限如何——這方面的信息可以參考《外商投資產業指導目錄》、《外商投資准入特別管理措施（負面清單）》和《公司法》的相關條例。此外，因為凡是涉及到境外資金和人士都是需要商務部審批才能成立的，所以手續會比註冊純內資公司更加複雜。

——氮氧空間聯合創始人　Myriam

根據《外商投資准入特別管理措施（負面清單）（2018年版）》，禁止外商投資的領域主要有：

▲煙葉、捲煙、復烤煙葉及其他煙草製品的批發、零售

▲中國法律事務諮詢（提供有關中國法律環境影響的信息除外）

▲人體幹細胞、基因診斷與治療技術開發和應用

▲地質測量和地圖測繪等專業技術服務

▲義務教育機構、宗教教育機構

▲新聞機構（包括但不限於通訊社）

▲圖書、報紙、期刊的編輯、出版業務

▲音像製品和電子出版物的編輯、出版、製作業務

▲廣播電視節目製作經營（含引進業務）公司

▲電影製作公司、發行公司、院線公司、廣播電視台以及電影引進業務

▲互聯網新聞信息服務、網絡出版服務、網絡視聽節目服務、互聯網上網服務營業場所、互聯網文化經營（音樂除外）、互聯網公眾發佈信息服務（上述服務中，中國入世承諾中已開放的內容除外）

關於外商投資產業的鼓勵及限制範圍，可具體參考《外商投資產業指導目錄（2017年）》、《外商投資准入特別管理措施（負面清單）（2018年版）》或向當地工商部門諮詢。

《外商投資准入特別管理措施（負面清單）》由國家發展和改革委員會和商務部定期更新發佈，最新一版是2018年修訂版，自2018年7月28日起實施。負面清單之內限制類投資領域需要外資准入許可審批。《目錄》分為限制類和禁止類外商投資項目。投資有股權要求的領域，不得設立外商投資合夥企業。

更多領域詳見《外商投資准入特別管理措施（負面清單）（2018年版）》

外商投資企業設立流程圖

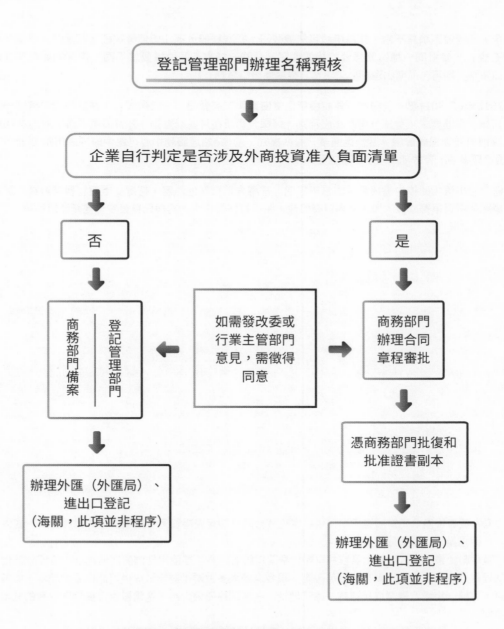

資料來源：香港貿易發展局經貿研究 https://bit.ly/2TE9p56

4. 如何尋找註冊地？

(1) 因企業經營範圍填寫不當，註冊申請可能被駁回。初次註冊，不知如何確定經營範圍時，建議使用網站「企查查」，參考同一地區同類公司相關資訊。（同一城市不同區域要求不同，如深圳前海要求注明「進出口業務」即可，而南山區則必須填寫「從事進出口業務」）

(2) 自2018年6月30日起，全國推行外商投資企業備案與工商登記「一口辦理」，在註冊公司時應一併報送備案資訊。具體要求可登錄廣東政務服務網，選擇公司所在片區以查詢。外資備案申辦週期約為10個工作日。深圳前海管理局首創「港企直通車」服務模式，前海e站通服務中心可集中辦理省市31個部門下放的134個管理事項，有效地縮短了辦事流程。

(3) 註冊登記申報相關檔中需填寫申報當天日期，建議先填寫其他內容，待提交申報材料時再補填當日日期；建議將簽字頁單獨成頁，如正文內容有修改，將修訂好的正文內容與已有簽字頁重新裝訂即可。

註冊地址可分為實地註冊和虛擬地址註冊兩種。

(1) 實地註冊是指用自己租賃的辦公室（或符合要求的自有房產）作為註冊地址。註冊時需提供房產證明、租賃合同等資料。適合想在市區註冊的公司、生產型公司。

(2) 虛擬地址註冊是指使用開發區等第三方提供的地址，一般不用於辦公，經營地址可在別處自定。一般適合註冊與經營分開的企業，如商貿類、科技類、銷售性質的初創企業。但需注意，只有通過工商局審批的地址才合法有效，否則會面臨罰款等行政處罰。

需要注意的是，不同城市對註冊地址要求不一，具體請以當地工商局要求為準。

(1) 香港人或者香港公司當股東需要提供紅本租賃合同（即經過房管局登記備案後的租賃合同）或房產證，上面需要法人或者股東的姓名。
(2) 建議初創企業選擇入駐孵化器或共享辦公空間以節省經費，並使用他們的註冊地址。但部分孵化器無法提供紅本租賃合同，需在租用前確定。現今深圳大多數孵化器無法提供可註冊公司地址，如無法提供，可進一步諮詢專業機構諮詢。除了地址，在深圳註冊公司時，還需提供經房管所備案的紅本租賃合同。
(3) 跨城區的稅務變更較為麻煩，建議在選擇註冊地址時確定好城區，盡量避免後期變更。

5. 需要為公司辦理哪些銀行賬戶？

(1) 基本戶[7]（必須開設，每個公司只能開一個基本戶）：在公司註冊完成後，創業者便可向銀行申請預約，取得銀行開戶許可證，去銀行開設對公賬戶。基本戶開戶手續簡便，帶齊所需資料可自行辦理（基本賬戶是人民幣賬戶，可以支取現金、發放工資和獎金，也可以用於一般結算）。

創業者開設銀行基本戶時需注意：
(1) 註冊資本需要從股東以自己名字開設的銀行賬戶匯入公司銀行基本戶，同時需要將匯款用途寫為：「入資款」。
(2) 銀行開戶需要法人到場提交資料。
(3) 公司賬戶給個人直接轉賬即公對私打款，需要有充分的依據並且寫清楚用途，例如發工資、員工報銷、支付勞務報酬、支付公司借款、股東分紅等。

(2) 一般戶（非必須開設）：可根據需要確定是否開通一般戶。一般戶可以辦理現金繳存、借款轉存、借款歸還，但不得辦理現金支取，不允許發放工資。

(3) 普通外幣賬戶（非必須開設）：普通的外幣賬戶即結算賬戶，用於企業進出口和普通結算。辦理需要營業執照正副本，公財私三章、外資備案回執、辦理人身份證原件（香港居民應出具港澳居民往來內地通行證）、法人身份證原件（香港居民應出具港澳居民往來內地通行證）。

(4) 資本金賬戶（非必須開設）：資本金賬戶是外商投資企業的中外投資方為投入外匯資本金而設立的賬戶，其收入為中外投資方以外匯投入的資本金，支出為外商投資企業經常項目外匯支出和外匯局批准的資本項目外匯支出。

※ 需要先做外商直接投資（FDI）業務登記，才可開立資本金賬戶。

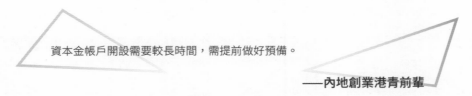

資本金帳戶開設需要較長時間，需提前做好預備。

——內地創業港青前輩

---

7. 大灣區對註冊企業開戶銀行沒有限制，建議選擇距離公司較近、規模較大、服務較完善的銀行。

6. 如何辦理稅務登記？

若條件允許，創業前要先諮詢相關機構，做好稅務策略。

(1) 稅務登記

領取營業執照後，30日內須到當地稅務局申請領取稅務登記證。創業者可以自行登錄稅務局電子稅務局網站進行線上辦理，後補交紙質材料，或直接至最近的稅務局辦理稅務登記手續，也可以聯繫中介機構協助辦理。

需要注意的是，辦理稅務登記時無需向稅務局繳納辦理費用。

您可以掃描右圖二維碼，查詢國家稅務總局廣東省稅務局官方辦稅指南並下載相關表格。

(1) 深圳現已取消「稅務登記證」。公司註冊後，您只需帶上營業執照原件，到稅務局開通電子稅務局並核定稅種便可。

(2) 如法人是港澳台居民或者外國居民，需法人攜帶身份證明材料原件，如回鄉證，親自到場辦理稅務實名認證。

(2) 申辦稅控

稅控是指稅源控制，是一種加強稅收源管理的辦法，通過對稅源的加強管理和控制，稅務機關能夠更準確地了解掌握納稅人的應稅行為的情況，從而避免因稅源的流失而導致的稅收的少徵。

需到稅務局辦理，並需購買適合的稅控機（在駐稅務所的稅控機銷售公司，價格數百到千元不等），後安裝發票打印機並申領空白發票，便可以公司名義開發票。當然，為了方便省事，您也可以找代辦機構辦理。稅控代辦的具體服務包括申領稅控機、票據。稅控通常包含在整個稅務代辦服務裏。

7. 如何準備企業法人備案？

按照《公司登記管理條例》，公司、合夥企業、個人獨資企業應指定人員或機構負責法律文件接收、內部文件保管、商事登記、年度報告及其他信息公示等工作。指定人員或者機構的名單應向登記機關備案。

企業法人備案事項發生變動，應自變動之日起30日內向登記機關申報備案。

非公司企業法人備案，需滿足以下條件：

(1) 企業法人備案事項發生變動。

(2) 企業法人備案事項按照法律、行政法規和國務院決定規定必須報經批准的，需經相關許可部門批准。

(3) 經企業法人的主管部門（出資人）批准。

8. 如需辦理經營許可證，該如何辦理？

經營許可證是指法律規定的某些行業必須經過許可，而由主管部門辦理的許可經營的證明，例如煙草專賣許可證、藥品經營許可證、危險化學品經營許可證等。

通常公司在辦理註冊經營範圍批文時（少數行業為前置審批），工商局會給予所需辦理資格或許可證的提示，或者也可向同行或是中介諮詢了解。獲得經營許可後方可申請設立公司從事該行業的運營，若未先取得經營許可證便開始經營為違法行為。

公司註冊後將會收到工商局發出的提醒文件，具體根據實際情況而定。若未按照相關規定辦理許可證，輕則罰款，嚴重者將影響公司正常營業。

▪ 辦理流程：

公司註冊後將會收到工商局發出的提醒文件，具體根據實際情況而定。若未按照相關規定辦理許可證，輕則罰款，嚴重者將影響公司正常營業。

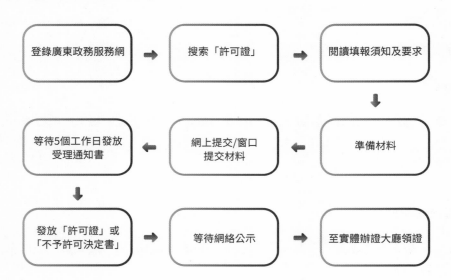

登錄廣東政務服務網 → 搜索「許可證」 → 閱讀填報須知及要求

等待5個工作日發放受理通知書 ← 網上提交/窗口提交材料 ← 準備材料

發放「許可證」或「不予許可決定書」 → 等待網絡公示 → 至實體辦證大廳領證

*從事進出口業務還需要辦理進出口資質。

▪ 流程：

(1) 在網上申請「進出口資質」申請，到貿易局領取「對外貿易經營者備案登記表」；

(2) 辦理電子口岸IC卡（法人操作員卡/套，員工操作員卡/套）；

(3) 到市民中心申請辦理海關證；

(4) 在出入境檢驗檢疫局辦理出入境檢驗檢疫證書；

(5) 在人民銀行辦理外幣賬戶備案。

▪ 所需資料：

(1) 公司營業執照原件、開戶許可證原件；

(2) 公章、法人私章；

(3) 法人身份證原件及複印件（辦理當天需要用到）；

(4) 公司名稱中英文翻譯、電話、郵箱、傳真。

9. 何時變更、註銷企業？

企業經營過程中，「變更」在所難免。常見的公司變更情況有法定代表人變更、公司名稱變更、註冊地址變更、經營範圍變更、股權變更、公司崗位人員變更等。

(1) 註冊地址變更：在人員遷移後應及時變更營業執照上的註冊地址，除工商變更外，銀行、社保、商標證書、ICP證等資質證書上凡有列明註冊地址的，都需相應進行地址變更。

(2) 公司名稱變更：需在銀行、稅務、社保等部門及商標證書上進行相應的變更。

(3) 註冊資本變更：公司因融資、股東增減等情況增加或減少註冊資本時，應及時到工商局進行變更。（減資需登報公示等手續，所用週期比增資更長）

(4) 股權變更：公司因融資、股權激勵、股東退出等情況，增加或減少股東時，即發生股權變更，需到工商和稅務部門進行變更。（如股權被評估為溢價轉讓，個人股東需繳納20%個稅、非居民企業股东需繳納10%預提所得稅）

(5) 經營範圍變更：當公司拓展新業務或調整業務領域，需及時到工商部門變更經營範圍。如涉及資質審批時，需及時申請相關資質。

(6) 公司高管變更：如有董事、法人、監事、經理等發生變動，要及時到工商部門進行變更。

企業在經營過程中若經營不善或有其他改組打算，也可依規合規辦理企業註銷。需要提醒的是，假如企業不註銷，即使不經營仍需定期報稅（零申報）。

辦理流程：

公司註冊後將會收到工商局發出的提醒文件，具體根據實際情況而定。若未按照相關規定辦理許可證，輕則罰款，嚴重者將影響公司正常營業。

四、撸起袖子搞營運

註冊好公司，接下來，終於是時候展現我們改變世界的技術能力了！可是，要把技術轉化為產品，談何容易？！

運營一家公司，生產出優秀的產品，可不僅僅是處理技術問題那麼「簡單」。一開工，你會發現，自己恨不得上知天文下知地理，擁有三頭六臂，好應對方方面面的工作要求。

根據香港青年協會[8]2019年的調查結果顯示，受訪者認為到廣東省創業或就業，最困難的事項分別為「適應法律制度」、「處理稅務安排」及「適應商貿制度」。為了讓您更有效地應對可能出現的運營問題，本章我們將從財稅、法律制度、人才、產品、知識產權、銷售等幾個方面為您介紹兩地差異與具體作法，希望能夠打破信息不對稱，打消您在內地創業的顧慮。

那麼，撸起袖子加油幹吧！

8.香港青年協會《消除港青在粵港澳大灣區發展事業的障礙》：
https://yrc.hkfyg.org.hk/2019/02/26/yi039/?from=groupmessage&isappinstalled=0

財稅

10. 在內地城市創業需要繳納哪些稅種？

在大灣區經營企業，主要涉及稅種包括企業所得稅、增值稅等，同時企業需要代扣代繳員工的個人所得稅。

企業所得稅：依法在中國境內成立的企業（如外商投資企業），或者依照外國（地區）法律成立但實際管理機構在中國境內的企業，應就取得的所得繳納企業所得稅，稅率為25%。企業所得稅採用按納稅年度計算，分月或者分季度預繳，年終匯算清繳的方法。納稅年度自1月1日起至12月31日止。

增值稅：在中國境內銷售貨物或提供勞務、轉讓無形資產或不動產，應按規定在流通環節繳納增值稅。增值稅納稅人分為小規模納稅人和一般納稅人。需要注意的是，一般納稅人可以開增值稅普通發票和專用發票（專票可用於進項稅抵扣）且可以抵扣進項稅，而小規模納稅人只能開增值稅普通發票（自2019年3月1日起，8個行業的小規模納稅人可自行開具增值稅專用發票）且不能抵扣進項稅。公司經營到一定規模[9]時可以申請為一般納稅人，建議企業在銷售額達到要求的情況下盡早申請為一般納稅人。

納稅人	應納稅額	從事業務	稅率
一般納稅人	當期銷項稅－當期進項稅	銷售、進口一般貨物；加工、修理修配勞務；有形動產租賃。	13%
		交通運輸業服務、郵政服務、基礎電信服務、建築服務、不動產租賃、銷售不動產、轉讓土地使用權。	9%
		增值電信服務、金融服務、現代服務（例如研發和技術服務、資訊技術服務、文化創意服務、物流輔助服務和鑒證諮詢服務等）、生活服務（例如餐飲、住宿等）、銷售無形資產（土地使用權除外）。	6%
		採用簡易辦法徵稅使用	3%
		出口貨物	0
小規模納稅人	應納增值稅=應納稅銷售額*稅率	—	3%

9.具體要求包括：有實際辦公地址；年應稅銷售額在500萬元以上。

消費稅：是在增值稅之外，針對特定的14種[10]消費品額外徵收的流轉環節稅費。消費稅應納稅額的計算按消費品的不同，分別按照應稅消費品的銷售額、銷售數量進行計算。

個人所得稅：在中國境內有住所的個人需就其全球收入在中國繳納個人所得稅。在內地，受僱所得的個人所得稅稅率為3%至45%的超額累進稅率，投資收益（例如股息、股權轉讓所得等）的個人所得稅稅率一般為20%。僱主有替僱員按月代扣代繳個稅的義務。

印花稅：稅負較輕但很重要。例如房屋租賃合同按租賃總額的1‰計算。

附加稅種：包括城市維護建設稅、教育附加稅、地方教育附加稅等。

今年新政：

2019年3月1日在北京人民大會堂召開粵港澳大灣區建設領導小組第二次全體會議，會議同意落實有利於香港參與

大灣區建設、滿足港人要求的8項新措施，有兩條關於港人內地稅收的新政值得關注：

1. 對在內地繳納個人所得稅的「183天」標準採用新的計算方法，在內地停留同一天不足24小時者，不計入居住天數；

2. 稅收補貼政策推廣至大灣區內地9市，為境外（包括香港）高端人才和緊缺人才提供個人所得稅稅負差額補貼。

具體政策請關注相關部門官網。

內地與香港的稅制簡要對比表

	內地	香港
涵蓋稅種	稅種廣泛，包括所得稅（企業所得稅和個人所得稅）、流轉稅（增值稅和消費稅）、與房地產有關的稅（土地增值稅、房產稅、耕地佔用稅和城鎮土地使用稅）和其他如契稅、印花稅、關稅、車輛購置稅、車船稅、資源稅、環境保護稅、城市維護建設稅、船舶噸稅和煙葉稅等	主要稅種包括薪俸稅、利得稅、物業稅、印花稅、差餉、地租、博彩稅、應課稅品（商品稅）、飛機旅客離境稅等

	內地	香港
企業所得稅/利得稅	內地對居民企業的全球收入徵稅 法定稅率為25%。符合條件的企業減按較低稅率徵收 中國內地不設資本利得稅，出售固定資產所得也視為普通收入徵收所得稅	利得稅源自香港的利潤所得視為「應稅所得」，而源自香港境外的利潤所得，則不須在香港繳納利得稅 現時企業法定稅率為兩級制。就法團而言，不超過港幣2,000,000的應評稅利潤應按8.25%徵稅；及後超過港幣2,000,000的應評稅利潤則按16.5%徵稅 合夥企業和獨資企業的首港幣2,000,000的應評稅利潤應按7.5%徵稅；及後超過港幣2,000,000的應評稅利潤則按15%徵稅 在2018年4月1日前發行符合資格的債務票據所獲得的利潤或利息收入可按一般稅率的一半徵稅，即8.25%。於2018年4月1日或以後發行之合資格債務票據所獲得的利潤或利息收入則可享有利得稅豁免 從事某些特別業務的企業可按一般稅率的一半徵稅，即8.25%，如(1)企業財資中心，(2)飛機出租商或租賃管理商 股息和資本收入不納稅

35

---

10. 根據2009年實施的《消費稅暫行條例》，這14種消費品，包括香煙、酒及酒精、化妝品、成品油、小汽車、高爾夫球及球具、遊艇及高檔手錶等。

11. 記賬、報稅制度，兩地有何不同？如何操作？

內地執行月度和季度記賬報稅制度（具體看稅種），企業還需報送工商年報並進行匯算清繳，不報將產生罰款。企業在領取營業執照後15天內必須設置賬本，並配置一名專業會計[11]，根據原始票據憑證做賬。

需要注意的是，即使公司未開始經營活動，也須正常做稅報賬。

選擇代理記帳公司時，需注意考察以下內容：

（1）資質：是否有營業執照和財政局頒發的「代理記賬許可證」。

（2）規模：是否有固定辦公場地和設備；人員結構是否合理且齊全（包括經理、外勤、記賬會計、審計會計）；總負責人的資質水平；硬件設備是否齊全（專業財務軟件）。

（3）收費：是否合理，價格過低的，要慎重考慮。

（4）業界評價：貨比三家。

12. 創業路長，科技類初創公司在內地有哪些稅收優惠政策？

（1）技術先進型服務企業稅收優惠

獲得「技術先進型服務企業證書」[12]認證的企業，在獲證之日所在年度起享受稅收優惠，可持證書到所在地主管稅務機關辦理享受優惠相關事宜。持證企業可申報享受減按15%的稅率徵收企業所得稅的優惠政策，且職工教育經費支出，不超過工資薪金總額8%的部分，准予在計算應納稅所得額時扣除；超過部分，准予以後年度結轉。

技術先進型服務企業認證有效期為3年，期滿當年需重新提出認定申請，逾期未提交申請或重新認定不合格的，該資格自動失效。

11.初期企業規模小、業務簡單，僱用專職會計會增加企業成本，可以考慮代理記賬，外包會計服務費用為每月200-300元。

12.申報單位可登入全國技術先進型服務企業業務辦理管理平台（http://tas.innocom.gov.cn/）註冊登記，同時報送紙質申報材料至當地科技行政管理部門。

須同時滿足以下五個條件才可以申領「技術先進型服務企業證書」：

(1) 在中國境內（不包括港、澳、台地區）註冊的法人企業；

(2) 申報企業應從事「技術先進型服務業務認定範圍」中的一種或多種技術先進型服務業務，採用先進技術或具備較強的研發能力；

(3) 具有大專以上學歷的員工佔企業職工總數的50%以上；

(4) 從事「技術先進型服務業務認定範圍」中的技術先進型服務業務取得的收入佔企業當年總收入的50%以上；

(5) 從事離岸服務外包業務取得的收入不低於企業當年總收入的35%。

(2) 高新技術企業稅收優惠

高新技術企業[13]可享受10%的企業所得稅減免，即按15%的稅率繳納企業所得稅。另外，自2018年1月1日起，當年具備高新技術企業或科技型中小企業資格的企業，其具備資格年度之前5個年度發生的尚未彌補完的虧損，准予結轉以後年度彌補，最長結轉年限由5年延長至10年。通過認定的高新技術企業，其資格自頒發證書之日起有效期為3年。高新技術企業資格期滿前3個月內企業應提出復審申請，不提出復審申請或復審不合格的，其高新技術企業資格到期自動失效。

13.高新企業認定、復審，可參照：http://www.szsti.gov.cn/zxbs/bszn/gqrd/。

申請高新企業需要滿足的條件：

（1）企業獲得對其主要產品（服務）在技術上發揮核心支持作用的知識產權的所有權；

（2）對企業主要產品（服務）發揮核心支持作用的技術屬於「國家重點支持的高新技術領域」規定的範圍；

（3）企業從事研發和相關技術創新活動的科技人員佔企業當年職工總數的比例不低於10%；

（4）企業研發費用總額佔同期銷售收入總額的比例不低於3%（最近一年銷售收入大於2億的企業）至5%（最近一年銷售收入小於5,000萬的企業），其中在中國境內發生的研發費用佔全部研發費用的比例不低於60%；

（5）近一年高新技術產品（服務）收入佔同期總收入的比例不低於60%；

（6）企業創新能力評價達到相應要求；

（7）企業申請前一年未發生重大安全、重大品質事故或嚴重環境違法行為。

（3）研發費用加計扣除稅收優惠

企業為開發新技術、新產品、新工藝發生的研究開發費用准予扣除。並且為鼓勵研發活動，研發費用實際發生額的50%可加計扣除。形成無形資產的，按無形資產成本的150%攤銷。為進一步激勵企業增加研發投入，國家規定，在2018年1月1日至2020年12月31日期間，所有企業可按照研發費用實際發生額的75%在稅前加計扣除；形成無形資產的，在上述期間按照無形資產成本的175%在稅前攤銷。

舉例：一家公司利潤總額為175萬，普通企業所得稅=175萬*25%=43.75萬；

假設同時滿足高新技術企和研發加計扣除稅收優惠（研發費用100萬），企業所得稅＝（175萬-100萬*75%）*15%=15萬

（4）小型微利企業的稅收優惠[14]

為支持小微企業發展，財政部及國家稅務總局已推出各項優惠政策：

根據現行規定，每年應徵增值稅銷售額500萬元及以下的企業，可向其主管稅務機關申請登記為小規模納稅人。而符合小規模納稅人資格的現行增值稅徵收稅率為3%（適用5%徵收率的項目除外），較一般納稅人稅率低。

對月銷售額10萬元以下（含本數）的增值稅小規模納稅人，免徵增值稅（適用於2019年1月1日至2021年12月31日）。

對小型微利企業年應納稅所得額不超過100萬元的部分，減按25%計入應納稅所得額，按20%的稅率繳納企業所得稅；對年應納稅所得額超過100萬元但不超過300萬元的部分，減按50%計入應納稅所得額，按20%的稅率繳納企業所得稅（適用於2019年1月1日至2021年12月31日）。

（5）雙軟認證稅收優惠政策

公司擁有一款以上能正常運行的軟件產品，即可申請「雙軟認證」，即軟件產品登記證書和軟件企業證書。持證可申請「兩免三減半」的企業所得稅優惠政策，即第一年至第二年免徵企業所得稅，第三至第五年按25%的法定稅率減半徵收企業所得稅，享受至期滿為止；國家規劃佈局內的重點軟件企業，如當年未享受免稅優惠的，可減按10%的稅率徵收企業所得稅。

（6）前海企業所得稅優惠政策

設立在前海深港現代服務業合作區的企業，若從事該區企業所得稅優惠目錄內的項目（包括現代物流業、資訊服務業、科技服務業、文化創意產業四大類），可減按15%的稅率徵收企業所得稅。

（7）孵化器及眾創空間稅收優惠政策

對國家級、省級科技企業孵化器、大學科技園和國家備案眾創空間自用以及無償或通過出租等方式提供給在孵對象使用的房產、土地，免徵房產稅和城鎮土地使用稅；對其向在孵對象提供孵化服務取得的收入，免徵增值稅（適用於2019年1月1日至2021年12月31日）。

14.小型微利企業是指從事國家非限制和禁止行業，並符合下列條件的企業：年度應納稅所得額不超過300萬元，從業人數不超過300人，資產總額不超過5,000萬元。可參考東莞《關於進一步推動企業上市發展的扶持辦法》。

13. 大灣區註冊公司上市時有哪些政策鼓勵？

為了鼓勵企業上市融資，降低成本，東莞、廣州、深圳三市都從區、市層面盡可能給予新上市企業更多的扶持政策。

東莞

	扶持條件	政策描述
上市	境內外證券交易所申請上市經正式受理	一次性獎勵200萬元
	成功在境內外證券交易所上市	按首發募集資金額度給予0.5%的獎勵，500萬元封頂
	針對企業在境內申請上市的省級專項資金獎勵	按不超過實際發生費用的50%給予補助，300萬元封頂
新三板	成功掛牌新三板	一次性獎勵20萬元
	進入新三板創新層	一次性獎勵30萬元
	成功掛牌新三板的企業，通過直接融資方式實現融資	按首次融資金額給予1%的獎勵，100萬元封頂
	在規定期間內成功掛牌新三板企業	專項資金獎勵50萬元

此外，上市後備企業改制重組中涉及企業所得稅、契稅、土地增值稅中符合條件的，可按現行國家稅收政策享受有關稅收優惠[15]

15.可參考東莞《關於進一步推動企業上市發展的扶持辦法》。

廣州

轄區	扶持條件	政策描述
白雲區[16] （建立企業上市後備資源庫，獎勵範圍為入庫企業）	上市申請材料經中國證券監督管理委員會正式受理並取得受理覆函	一次性獎勵100萬元
	在境內主板、中小企業板或創業板上市	一次性獎勵200萬元
	在境外上市	一次性獎勵100萬元
	成功在全國中小企業股份轉讓系統首次掛牌交易	一次性獎勵50萬元
	在廣州股權交易中心掛牌	非股份制企業獎勵2萬元 股份制企業獎勵10萬元 非股份制企業成功掛牌後完成股份制改造，獎勵8萬元
南沙區[17]	上市	在上市流程不同階段，累計可獲區府獎勵350萬
		市府獎勵300萬元
	新三板掛牌	可向市區政府申領累計最高390萬元獎勵
番禺區[18]	上市	最高600萬元獎勵
	新三板掛牌	最高200萬元獎勵

---

16. 具體可參考《廣州市白雲區人民政府辦公室關於印發廣州市白雲區推動企業通過資本市場上市或掛牌融資加快發展的暫行辦法的通知》：https://bit.ly/2SpMO6T。

17. 關於南沙市企業上市獎勵政策的更多細節，請參考：https://bit.ly/2BQfv7E。

18. 番禺出台了《番禺區企業上市等直接融資獎勵實施細則》：https://bit.ly/2Ev9Wgw。

轄區	扶持條件	政策描述
增城區 [19]（設立企業改制上市培育專項扶持資金）	上市	一次性補貼300萬元
	進入全國中小企業股份轉讓系統掛牌交易	一次性補貼100萬元
	股份制企業進入廣州股權交易中心掛牌交易	一次性補貼10萬元
越秀區 [20]	工商註冊地址和稅務登記地址均在區內、獨立法人，擬改制上市並開展相關工作、成功上市（直接或間接）	可分別申請一次性獎勵資金100萬元
	擬在境內直接上市，經中國證監會廣東監管局輔導備案並通過驗收	
	擬在香港或境外（紐約、新加坡、倫敦及區政府認定的上市點）直接上市，已向中國證監會報送境外上市申請，並收到中國證監會行政許可核准文件	
	在國內主板直接上市	一次性獎勵150萬元
	在中小企業板或創業板直接上市	一次性獎勵100萬元
	在香港或境外（紐約、新加坡、倫敦及區政府認定的上市點）直接上市	一次性獎勵80萬元
	在全國中小企業股份轉讓系統（新三板）掛牌成功	一次性獎勵50萬元

---

19. 關於增城區加快推進企業上市扶持辦法的更多細節，請參考：https://bit.ly/2EuTVXU。
20. 越秀區獎勵企業上市專項資金管理辦法，詳見：https://bit.ly/2Iwaero。

轄區	扶持條件	政策描述
海珠區[21]	擬在境內外證券市場首次公開發行股票並直接上市，已上報上市申請材料，並取得中國證監會關於境內上市申請的受理通知書或境外上市申請的行政許可核准文件	一次性獎勵50萬元
	擬在全國中小企業股份轉讓系統首次掛牌交易，已上報掛牌申請材料，並取得全國中小企業股份轉讓系統有限責任公司出具的申請材料接收確認單	一次性獎勵10萬元
	成功在境內外證券市場首次公開發行股票並直接上市	一次性獎勵300萬元
	成功在全國中小企業股份轉讓系統首次掛牌交易	前10家：一次性獎勵50萬元 自第11家起：一次性獎勵30萬元
荔灣區[22]	後備上市企業並通過中國證券監督管理委員會廣東監管局輔導驗收	一次性資助20萬元
	上市申請材料經中國證券監督管理委員會正式受理	一次性資助30萬元
	在國內主板、中小企業板或創業板上市	一次性獎勵300萬元
	在香港或境外上市	一次性獎勵100萬元
	擬在全國中小企業股份轉讓系統首次掛牌交易，已上報掛牌申請材料，並取得全國中小企業股份轉讓系統有限責任公司出具的申請材料接收確認單	一次性獎勵10萬元
	在全國中小企業股份轉讓系統首次掛牌交易	一次性獎勵50萬元

21.海珠區促進企業上市具體措施，詳見：https://bit.ly/2IBzRr3。
22.荔灣區加快推進企業上市工作扶持獎勵辦法的更多細節，詳見：https://bit.ly/2VbXRlU。

轄區	扶持條件	政策描述
黃埔區 [23]	上市	在上市流程不同階段（輔導、保薦、審計、法律、資產評估和辦理工商登記變更手續等），合計最高可獲300萬元補貼
	上市企業在境內外資本市場通過配股、增發等方式成功再融資。	按實際募集資金的1‰獎勵，最高不超過50萬元
	成功在新三板掛牌	最高給予100萬元的補貼
	掛牌企業進入最高層	獎勵50萬元
	赴廣州股權交易中心掛牌交易	有限公司掛牌：最高1.5萬元費用補貼。
		股份制公司：最高30萬元費用補貼。
花都區 [24]	股權質押融資貼息	10萬元封頂
	在境內主板、中小企業板、創業板上市	獎勵1,000萬元
	經花都區綠色企業上市領導小組認可的境外資本市場上市	獎勵800萬元
	在全國中小企業股份轉讓系統掛牌	獎勵100萬元
	上市後備企業有股權投資需求	給予最高5,000萬元、最長10年的股權投資，並予以相關金融服務支持

轄區	扶持條件	政策描述
天河區[25]	通過證監部門正式受理發行上市申報材料後	一次性支持100萬元
	成功在深圳證券交易所或上海證券交易所實現上市	再一次性支持100萬元
	在境外證券交易所成功上市,並經國家外匯管理局確認上市募集資金主要投放在區轄內	該境外上市公司直接控股的區內企業可獲一次性支持100萬元
	入駐區內在境外證券交易所上市	一次性支持100萬元
	新三板掛牌	一次性支持80萬元
從化區[26]	上市申請材料經中國證券監督管理委員會正式受理並取得受理覆函	一次性支持100萬元
	在境內主板、中小企業板或創業板上市	一次性再200萬元獎勵
	在境外上市	一次性獎勵100萬元
	在全國中小企業股份轉讓系統首次掛牌交易	一次性獎勵80萬元
	股份制企業在廣東股權交易中心掛牌	一次性,10萬元的股份制改造獎勵

23. 黃埔區促進科技、金融與產業融合發展實施辦法的具體細節,詳見:https://bit.ly/2T18KKL。
24.更多關於花都區的上市扶持政策,請參考:https://bit.ly/2XmveEt。
25.更多關於天河區的上市扶持政策,請參考:https://bit.ly/2GHpHTT。
26. 更多關於從化區的上市扶持政策,請參考:https://bit.ly/2H5N4pH。

深圳

單位	獎勵條件	政策描述
深圳市中小企業服務署 [27]	擬在深圳證券交易所或上海證券交易所上市完成股份制改造	補貼，50萬元封頂
	擬在深圳證券交易所上市完成輔導	補貼，100萬元封頂
	擬在上海證券交易所上市完成輔導	補貼，30萬元封頂
	掛牌新三板	補貼，50萬元封頂
龍崗區 [28]	IPO上市企業扶持，針對企業所處三個階段（完成股份改制；上市輔導；完成上市），企業完成一個階段即可提出扶持申請，也可以在完成多個階段後，合併提出扶持申請	補貼，350萬元封頂
	新三板掛牌企業	補貼，100萬元
	募集資金50%以上且規模不低於1億元的上市企業，在上市後3年內將募集資金用於龍崗工業投資或技改投資	獎勵，1,000萬元
寶安區 [29]	在境內證券交易所上市	一次性資助500萬元
	在境外證券交易所上市（不含櫃台交易和借殼上市），並將30%（含）以上募集資金在上市後1年內通過國家外匯管理部門結匯返回寶安區	一次性資助500萬元
	新三板掛牌滿1年	一次性補貼60萬元

27. 資助額度根據專項資金安排計劃和企業申報數量作相應調整，以市政府審定頒發管理辦法為準。
28. 更多關於龍崗區上市扶持政策，請參考：https://bit.ly/2NszVbg。
29. 更多關於寶安區上市扶持政策，請參考：https://bit.ly/2U71w4m。

單位	獎勵條件	政策描述
福田區 [30]	上市申請材料獲有關審批機構正式受理	120萬元
	獲准在上海證券交易所或深圳證券交易所上市	120萬元
	在香港主板、紐約、倫敦、東京、新加坡、納斯達克等境外證券交易所掛牌上市（不含小額資本市場NSCM和櫃台交易）	120萬元
	進入新三板	60萬元封頂
	上市公司2016年1月1日後在該區新購置自用辦公用房	按購房房價最高10%，給予不超過2,000萬元的支持，分3年支付，所購房屋5年內不得對外租售
羅湖區 [31]	完成股份制改造，且在深圳市中小企業上市培育工作領導小組辦公室備案	20萬元
	在創業板或主板、中小板上市	200萬元
	在境外證券市場成功上市	100萬元，多個證券市場同時上市不重複獎勵
	新三板掛牌	50萬元封頂
	在新三板掛牌後，成功募集資金	按募集資金中介費用支出的一定比例，給予資金扶持，單個企業50萬元封頂
	成功轉板創業板或主板	追加獎勵，100萬元封頂

47

30. 更多關於福田區上市扶持政策，請參考：https://bit.ly/2Nqnywt。
31. 更多關於羅湖區上市扶持政策，請參考：https://bit.ly/2BTrf9h。

單位	獎勵條件	政策描述
南山區 [32]	完成上市改制和上市輔導	資助，200萬元封頂
	計劃在境內主板、中小板、創業板以及海外主要資本市場主板和創業板上市，並在區上市辦進行了股改備案登記並已聘請中介機構完成股份制改造	補助，30萬元
	已聘請中介機構進行上市輔導，支付了規定範圍內必要費用，並向有關管理機構遞交上市申請材料獲得正式受理	補助，70萬元
龍華區 [33]	擬在境內主板、中小板、創業板上市	資助，500萬元封頂
	股份改制、上市輔導、成功上市	三階段分別給予50萬元、200萬元、250萬元的資助
	擬在全國中小企業股份轉讓系統（新三板）掛牌，完成股改	資助，50萬元
	成功掛牌並進入基礎層	資助100萬元，待進入創新層後再給予50萬元資助
坪山區 [34]	科技園區每引進或培育一家上市企業	一次性獎勵，20萬元，年度獲得此項獎勵金額最高200萬元

32. 更多關於南山區的上市扶持政策，請參考：https://bit.ly/2U9bqSY。
33. 更多關於龍華區的上市扶持政策，請參考：https://bit.ly/2SsqA4h。
34. 更多關於坪山區加快科技創新發展的舉措，請參考：https://bit.ly/2SlWNdi。

單位	獎勵條件	政策描述
光明區[35]	在深圳證券交易所（包括創業板）或其他境內外證券交易所上市	每家一次性資助不超過200萬元（深圳證券交易所）或150萬元（其他境內外證券交易所）
	在全國中小企業股份轉讓系統（新三板）掛牌	每家一次性資助不超過100萬元
鹽田區[36]	在市上市辦進行了股改備案登記並已聘請中介機構完成股份制改造	資助，20萬元
	已完成上市輔導並交納相關費用	資助，50萬元
	經區經促局備案認可，並成功在境內外證券交易所上市	資助，50萬元
	在全國中小企業股份轉讓系統（新三板）成功掛牌，取得證券代碼	一次性資助70萬元

此外，廣東省創新經濟園區、科技開發區對園區企業上市扶持力度更大，比如中山火炬開發區就給予區內境內外成功上市企業總金額高達450萬的分階段補助。

49

---

35. 更多關於光明區經濟發展專項資金的介紹，請參考：https://bit.ly/2U9ciqI。
36. 更多關於鹽田區上市扶持政策，請參考：https://bit.ly/2IzNyqj。

法律[37]

內地與香港在公司法、稅法和勞動法等法律上存在諸多差異，兩地合作需做好風險管理，例如：

(1) 做好與內地合作方及員工的溝通；

(2) 盡可能熟悉內地相關法律法規；

(3) 在與內地合作投資者洽談合營或合作合同和起草公司章程時，需留意內地投資者是否具有法人資格、是否有合法有效的工商登記並進行了企業年檢，並關注其註冊資本和履約能力等。

——香港某青年創業者

14. 法律制度，兩地有何不同？

內地與香港法律制度有很大差異。首先，兩地分屬不同法系。內地屬於大陸法系，又稱民法法系、羅馬法系、成文法系，承襲羅馬法傳統；而香港屬於英美法系，又稱普通法系、判例法系、海洋法系，承襲英國中世紀以來的法律傳統。

其次，法律制度有很大差別。內地法律的法律淵源為成文法；香港法律的法律淵源包括制定法和判例法，並且判例法的地位比制定法更重要。內地法律強調法官只能援引法律，不能創造法律；而香港的法官可援引成文法、法律或判例，並在一定範圍內創造法律。內地法律係以法官為中心的糾問程序；香港法律係以訴訟參加人為中心的對抗式（或訴辯式）程序。

再次，法院體系和審判制度有很大差異。區別於香港裁判法院、區域法院、高等法院（內設上訴法庭和原訟法庭）和終審法院的法院體系，內地法院體系為四級兩審制。內地設四級法院（含相對應的專門法院），即基層人民法院、中級人民法院、高級人民法院和最高人民法院，最高人民法院具有終審權。實行兩審終審制審判程式，即一起案件經過兩級法院審判終結審判的制度。

---

37. 感謝中倫文德律師事務所對本部分的貢獻。

15. 在內地運營企業，需要注意遵守哪些法律法規？

在內地運營企業，需要遵守內地的法律制度，避免因無知而觸犯法律。在內地設立企業，會主要涉及到以下法律法規：《市場准入負面清單（2018年版）》；《外商投資企業授權登記管理辦法（2016年修訂）》；《中華人民共和國公司法（2018年修正）》；《中華人民共和國中外合資經營企業法（2016年修正）》；《中華人民共和國中外合作經營企業法（2017年修正）》；《中華人民共和國外資企業法（2016年修正）》；《內地與香港關於建立更緊密經貿關係的安排》及補充協議。

如果是對外簽署合約，則涉及到《中華人民共和國合同法》。招聘員工，則需要關注《中華人民共和國勞動法（2018年修正）》、《中華人民共和國勞動合同法（2012年修正）》。另外，內地是有外匯管制的，切勿忘記查閱《中華人民共和國外匯管理條例（2008年修訂）》。在內地開設企業，需要按照內地的要求申報納稅，需要關注《中華人民共和國企業所得稅法（2018年修正）》、《中華人民共和國個人所得稅法（2018年修正）》、《中華人民共和國個人所得稅法實施條例（2018年修訂）》。

上述法律法規全文可於中華人民共和國商務部官網查詢http://www.mofcom.gov.cn/。

16. 在內地簽署合同，可以選擇適用香港法律嗎？

《中華人民共和國涉外民事關係法律適用法》第四十一條規定：「當事人可以協議選擇合同適用的法律。當事人沒有選擇的，適用履行義務最能體現該合同特徵的一方當事人經常居所地法律或者其他與該合同有最密切聯繫的法律。」根據上述規定，涉外商事合同中，可以選擇合同適用的法律。

根據前海法院制定的《關於審理民商事案件正確認定涉港因素的裁判指引》，只要主體涉港、標的物涉港、法律事實涉港等含有涉港因素時，當事人就可以選擇適用香港法律。

17. 在內地辦理公證和在香港辦理公證，有區別嗎？

在內地辦理公證和在香港辦理公證，有很大區別。香港沿用英國的公證制度，沒有「公證人」這一專門職業。且由於實行判例法，香港並沒有統一的公證法律，公證人一般由律師或其他執業者擔任，通常只能見證當事人宣誓或簽名，一般不對文檔內容的真實合法性負責。

區別於香港的公證制度，內地的公證制度基本沿用大陸法系的公證制度，制度比較健全，具有專門的公證機構及公證協會。內地各直轄市、市、縣（自治縣）設立公證機構，公證事務由公證機構承擔，公證員獨立辦證。如在深圳，既有深圳市公證處，亦有深圳市福田區公證處、深圳市南山區公證處、深圳市前海公證處等各區的公證處。根據《中華人民共和國公證法（2017年修正）》第十一條之規定，內地公證機構可辦理的公證事項包括：

（一）合同；（二）繼承；（三）委託、聲明、贈與、遺囑；（四）財產分割；（五）招標投標、拍賣；（六）婚姻狀況、親屬關係、收養關係；（七）出生、生存、死亡、身份、經歷、學歷、學位、職務、職稱、有無違法犯罪記錄；（八）公司章程；（九）保全證據；（十）文書上的簽名、印鑒、日期，文書的副本、影印本與原本相符；（十一）自然人、法人或者其他組織自願申請辦理的其他公證事項等。公證機構辦理公證事務可以進行調查，要對證明內容的真實性、合法性負責。

香港的委託公證文書是將發生在香港地區的法律行為、有法律意義的事實和文書，由中國委託公證人（司法部委託符合要求的在港執業的律師）出具證明文檔經中國法律服務(香港)有限公司審核、加章轉遞後，供內地使用的公證文書。香港的委託公證事務業務範圍涵蓋了民商事活動的各個領域，包括證明各類聲明書（結婚、親屬關係、內地親屬來港、繼承、收養、經濟擔保等）、證明單方簽署的法律文書（委託、贈與、受贈等）、證明法律事實（公司資料證明等）、證明文件的原本及複印本一致、證明雙方或多方簽署的法律文書、證明涉及《內地與香港關於建立更緊密經貿關係的安排》的相關核證事務等。中國法律服務（香港）有限公司受中國司法部委託承辦委託公證文書審核轉遞業務，對公證文書是否符合辦證程序、是否按照規定的格式出具、文書內容是否不違反香港法律和內地法律進行審查。對符合規定的予以加章轉遞，不符合規定的不予轉遞。中國委託公證人出具委託公證文書與中國法律服務（香港）有限公司審核、加章轉遞構成完整的不可分割的委託公證事務。

18. 如何聘請律師？

內地律師與香港律師均可接受委託或者指定，為企業提供法律服務。但因香港法律制度與內地法律制度存在巨大的差異，而且律師執業範圍僅限於取得執業許可的地域，香港執業律師只能就涉及香港法律事宜提供服務，內地律師只能就涉及到內地法律事宜提供服務。因此，企業應區分不同情況，決定是聘請香港律師，還是內地律師。為保證聘請的是具有律師執業資格的正規律師，可在當地的律師協會的官網查詢該律師的資質及執業情況。

內地律師收費體系亦不同於香港，整體來講，內地律師收費低於香港律師收費。而且，在內地，允許律師擔任企業的常年法律顧問，可以按照年度（而不是小時數）支付律師費用；亦允許律師就訴訟案件進行風險代理，視案件代理完成情況約定一定分成比例的形式支付律師費。這兩種服務模式香港沒有。這兩種形式，對於初創企業，既能減少前期開支、又能獲得專業法律服務。

另，在內地請律師，應該按甚麼標準支付律師費？國家發改委、司法部依據《中華人民共和國價格法》、《中華人民共和國律師法》，於2006年4月23日發佈《律師服務收費管理辦法》。律師服務收費實行政府指導價和市場調節價。各地有政府指導標準。企業在聘請律師前，可在網上查閱各地律師收費標準。現行廣東省律師收費執行的是《廣東省物價局、司法廳律師服務收費管理實施辦法》【粵價〔2006〕298號】，該文件全文可於廣東省政府資訊公開目錄http://zwgk.gd.gov.cn或其他網址查詢。

人才

19. 哪裏可以招到人？有甚麼要注意的？

不少初創公司都希望招募更加廉價、「受訓」程度更高的員工。兩地招人方式並無不同，不外乎熟人推薦、線上招聘渠道與專業獵頭，與此同時對於初創企業，有個招聘小竅門是，通過參加線下創科活動契機，分享同時順帶滿足招聘需求。

(1) 熟人推薦。 創業早期，由於受到規模和品牌知名度及企業前景不明朗等因素影響，招聘多數通過熟人推薦。但隨著公司規模增大，商業模式不斷成熟，對人才的專業性要求提升，熟人推薦或許未必予以滿足。

(2) 網絡招聘。 低成本、最常見的招聘方式。針對市場類、營銷類等普通崗位，或者適用用人量不大，時間不急的情況。發佈職位後，守株待兔即可。

常見招聘渠道：

- 微博、微信公眾號等社交媒體
- 智聯招聘、應屆生求職網、51job前程無憂等專門招聘網站
- 垂直領域的招聘網站，如專做互聯網人才招聘的拉勾網

(3) 專業獵頭。 資金允許的情況下，可找負責認真的獵頭。主要針對找管理型或專業性人才。

(4) 參加大灣區創科類線下活動。 創業者需要有平台分享其創業理念，藉以吸引人才加入，可以嘗試多參加該類人才聚集的創科活動，亦或為更精準吸引人才之渠道。若作為分享嘉賓則更佔主場優勢，不妨在分享最後中拋出招人需求。

請高管需要謹慎，之前在內地也找過一些高管，對方於大公司工作十幾二十年，也是做高管，背景很厲害，但不一定適合初創公司。有兩點要考察，一個是這些四五十歲的高管，他對工作的熱忱、他的那團火還在不在；另一個是要看他能不能親力親為，有沒有較高的執行力——因為初創公司和大公司最不同的就是在初創公司老闆在下命令的同時，也要親力親為、甚麼都做，而在大公司，高管有眾多手下，自己不太需要執行。

因此也要管理他們的預期——不一定有手下，即便可能有手下，初創團隊的高管也要執行很多事情。要看他們是否能接受這種工作模式。

——MAD Gaze智能眼鏡公司創辦人　鄭文輝

給初創企業實施股權激勵/合夥人激勵的10條經驗啟示

(1) 發展戰略共識：通過戰略研討會，進一步共識戰略、思考業務模式和描繪願景，讓核心創始團隊看到未來，並確保激勵機制與戰略方向的協調性。

(2) 激勵頂層規劃：依據資產投入、發展階段、資本規劃、人才規劃對人才激勵進行整體規劃佈局，確保激勵資源的分配節奏，實現有層次、有差異、有重點的激勵。

(3) 全面薪酬組合：立足全面薪酬的視角，系統規劃長期、中期和短期激勵的結合，優化薪酬激勵結構，可考慮將部分短期、固定的現金型激勵轉化為與業績掛鉤的動態的中長期激勵機制，緩解初創企業因激勵造成的現金流壓力的同時強化員工與公司的長期利益捆綁，持續牽引業績達成。

(4) 多元激勵創新：推動多元化的長期激勵和合夥人機制創新，組合採用創業合夥、項目跟投、超利分享等多種機制，實現管理層、員工和股東的共創、共贏、共享。

(5) 保留不確定性：匹配初創期業務和資本規劃的不確定性，激勵機制也要保留一定的不確定性，以激勵的「不確定性」激發業務創新的活力，並為未來預留合理的激勵空間，不斷適應業務創新發展的速度，保留迭代創新的靈活性與可能性。

(6) 確保控制集中：由於初創企業發展不斷融資會造成創業團隊股權稀釋，持股架構的設置在關注收益分享的同時需關注利益捆綁與控制權集中，可通過設置間接持股平台或者謹慎授予投票權等方式，確保創業團隊的控制權。

(7) 合規系統考慮：創始人不僅需要關注激勵效果和結果，應在股權激勵的規範性上從人力資源、財務、法務、稅務等維度進行統籌考慮，避免輕易進行口頭承諾、缺乏合理的歸屬期和解鎖條件設置、退出機制不完善、沒有進行合規的股份支付等問題，有效控制潛在合規性風險。

(8) 強化績效導向：激勵掛鉤明確的組織和個人績效目標，強化績效導向文化。如初創期企業可引入基於業績對賭的創業合夥人機制，固化合夥承諾，平衡激勵與約束。

(9) 財稅靈活籌畫：從企業視角，合理控制股份支付影響，盡可能減少對企業財務報表的影響；從員工視角，關注稅務籌畫空間，可考慮通過提前解鎖、行權等多種模式，盡可能減少激勵對象潛在稅賦，從而有效提升激勵效果。

(10) 合夥創業文化：通過持續的團隊激勵和文化建設，建立基於共同價值觀、理想信念和道德自律的「合夥創業」文化，強化信任，凝聚人心。

—— 安永（中國）企業諮詢有限公司人力資本與組織轉型諮詢服務合夥人　彭昕

20. 如何設計合理、科學的員工薪酬結構？

合理的薪酬機制是留住人才和提高工作效率的有效手段之一，對企業長遠發展起著重要作用。企業創立之初，人數低於20人時，如何「把錢花在刀刃上」，利用極其有限的資金，招募到志同道合的核心成員至關重要。創辦人可根據經驗和市場薪酬報告決定工資水平，「按市給價」。

> 內地的硬件工程師的薪金真的是要比香港的高不少，但是軟件工程師的薪金水準和香港差不多，高管的薪金水準也比較合理 …… 總的來說，可以去前程無憂等網站看其他公司的薪資水準來參考；在給高管定薪酬時，建議初創公司，特別是b輪以前的初創公司，不要純以工資作招聘賣點，配合股權、期權等激勵機制，對於內地的高管更有吸引力。
>
> ——MAD Gaze智能眼鏡公司創辦人　鄭文輝

可供參考的途徑如下：

（1）囊括全國及各省份不同行業、公司類型的員工工資數據的國家統計局數據，http://data.stats.gov.cn/index.htm；

（2）智聯招聘研究報告，如《2018年春季中國僱主需求與白領人才供給報告》；

（3）IDG資本《中國準獨角獸公司薪酬調研報告》，這是中國互聯網行業創業企業樣本量最大、最具權威的薪酬調研項目之一。每年更新，持續關注有助於創業企業不斷提高薪酬管理能力；

（4）和應聘者直接談薪金，結合其他同行業創業公司的崗位薪酬標準以及應聘者過往薪酬定一個初步估值。

需要注意的是，除去延長工作時間津貼、特殊環境津貼、國家規定的勞動者福利待遇外，員工月最低工資需達到當地最低工資標準（深圳2,200元，廣州2,100元）。

另外，在鼓勵創新創業創造的環境下，很多初創企業會考慮給骨幹和資深員工、高管人員設計股權激勵計劃，讓員工參與到共同創造企業價值和經營管理裏面來，提高員工的歸屬感。股權激勵計劃包括股權期權、限制性股權或虛擬股權。符合一定條件的股權激勵計劃，其相關的個人所得稅能享受優惠政策。

21. 內地是否承認香港專業人才的執業資格？

合資格的香港專業人士，例如建築師、結構工程師、律師、醫生，可以通過兩地專業資格互認或考試的安排獲取內地的專業資格；在內地註冊執業，可按照有關行業的規定以獨資、合夥或聯營等模式開設和經營業務。

兩地資格互認的部分合作領域如下：

證券：香港證券從業人員通過「內地與香港兩地資格互認考試」，可在內地從事相關職業。

法律：CEPA容許律師事務所以合夥方式聯營，有助提供一站式跨境法律服務，並與內地合夥人分擔經營成本和分享利潤，以及香港法律執業者可受聘於內地律師事務所擔任法律顧問。此外，符合相關條件的香港永久性居民可報考國家統一法律職業資格考試（前稱國家司法考試），考試合格者可獲授予法律職業資格證書。

建築：現時建築設計或結構工程事務所可以直接參與內地的項目設計。獲得「一級註冊建築師」資格的香港建築師毋須經內地公司掛單聘請，只要為數達3人，即可在廣東省內開設事務所，並可進行甲級項目。

會計：內地支持取得中國註冊會計師資格的香港會計專業人士成為內地會計師事務所的合夥人，或受聘擔任會計諮詢專家。內地與香港註冊會計師資格考試的部分科目有互免機制。

醫療：具有合法執業資格的香港註冊醫療專業技術人員可到內地短期執業[38]。

詳情可登入港府工商貿易署官網，搜尋CEPA（《內地與香港關於建立更緊密經貿關係的安排》）相關頁面查詢：
https://www.tid.gov.hk/sc_chi/cepa/mutual/mutual.html

---

38. 更多有關建築及相關工程服務、證券及期貨服務、專利代理服務、會計、地產服務等兩地資格互認的問題，也可參考CEPA詳細內容。

22. 為員工繳納社會保險和住房公積金是必須的嗎？

在內地，企業應當依法為其員工繳納社會保險費，與員工個人繳存部分共同組成員工的社會保險福利，香港居民僱員也不例外。社會保險包括「五險一金」，即醫療保險、工傷保險、養老保險、失業保險、生育保險以及住房公積金。

在社保徵繳的各個環節，用人單位應履行的法定義務有：

(1) 社保登記：企業應當自用工之日起30日內為其職工向社會保險經辦機構申請辦理社保登記。未辦理社保登記的，由社會保險經辦機構核定其應當繳納的社保費。

(2) 社保申報及代扣代繳：用人單位應當自行申報、按時足額繳納社保費，非因不可抗力等法定事由不得緩繳、減免。職工應當繳納的社會保險費由用人單位代扣代繳，用人單位應當按月將繳納社保費的明細情況告知員工。

(3) 未按時足額繳納社保的法律責任：由社會保險費徵收機構責令限期繳納或者補足，並自欠繳之日起，按日加收0.05%的滯納金；逾期仍不繳納的，由有關行政部門處欠繳數額1倍以上3倍以下的罰款。

需要指出的是，在內地就業的香港居民是否應當參加中國社會保險，在2018年10月25日人力資源社會保障部關於《香港澳門台灣居民在內地（大陸）參加社會保險暫行辦法（徵求意見稿）》公開徵求意見的通知中第二條提及在內地（大陸）依法註冊或者登記的企業、事業單位、社會團體、社會服務機構、基金會、律師事務所、會計師事務所等組織和有僱工的個體工商戶（以下簡稱用人單位）依法聘僱的港澳台居民，應當依法參加職工基本養老保險、職工基本醫療保險、工傷保險、失業保險和生育保險，由用人單位和本人按照規定繳納社會保險費。而第十一條對於已在香港、澳門、台灣參加當地社會保險，並繼續保留社會保險關係的港澳台居民，可以持相關授權機構出具的證明，不在內地（大陸）參加養老保險和失業保險。該徵詢意見稿的回饋截止時間已結束，目前人力資源社會保障部仍未出台暫行辦法的定稿。具體規定需做持續觀察。

同樣地，企業應該為其僱員繳納住房公積金。職工個人繳存部分和所在企業為其繳存部分的公積金歸僱員本人所有。

在住房公積金徵繳的各個環節，用人單位應履行的法定義務有：

(1) 住房公積金繳存登記：企業應當自用工之日起30日內為其職工向住房公積金管理申請辦理繳存登記，並持住房公積金管理中心的審核文件，到受委託銀行辦理職工住房公積金賬戶的設立。

(2) 住房公積金的繳存及代扣代繳：職工個人繳存的住房公積金，由所在單位每月從其工資中代扣代繳。單位應當按時、足額繳存住房公積金，不得逾期繳存或者少繳。

23. 如何為員工繳納五險一金？

公司整體操作包括以下步驟，分別介紹如下：

(1) 五險一金開戶：公司需在成立之日起30日內到社保局及公積金中心辦理五險一金開戶。後續向當地稅務部門統一繳納社保及向公積金中心繳納公積金。

(2) 開戶資料清單：營業執照正本原件、開戶許可證原件、法人身份證原件、公章等。社保開戶後會拿到社保登記證，公積金開戶後取得單位公積金登記號。

(3) 增減員工：公司每月可通過社保申報系統對新入職或離職的員工進行增加或者減少。而住房公積金的增減員工需要去公積金管理中心辦理。

(4) 確認繳費基數：公司每月須為員工申報正確的五險一金繳費基數，以員工上年度平均工資或入職首月工資為準，不得超過當地統計部門公佈的上年度在崗職工月平均工資的3倍。對於新入職的員工，繳費基數為其入職首月工資。

(5) 繳費費率：廣東和深圳企業養老保險單位繳費比例均為14%，其餘社會險種繳費比例各地要求不一。住房公積金繳存比例為5%至12%之間。其中，個人選擇繳存比例不得低於企業為其繳存比例。

(6) 五險一金繳費：如企業、銀行、社保/公積金管理機構三方簽訂了銀行代繳協議，五險一金的費用將在每月固定時間從公司銀行賬戶中直接扣除。企業也可選擇通過現金或支票的形式前往五險一金管理機構現場繳費。

在廣州，企業每月需要按僱員月薪的14%繳納，供款到養老保險。

作為試點地區，廣東率先允許在粵港人參與五險一金的繳納，享有與內地居民同等待遇，此舉有助於解決港人住屋問題並提供社會保障。如港澳人士離開內地回港澳定居，亦可提取住房公積金及養老和醫療保險（個人繳存部分）。

產品

24. 大灣區有哪些科研平台？

深圳、廣州、東莞三地部分科研平台的名稱、研究領域及項目可通過以下網站了解詳情：

城市	科研平台	介紹	網址	二維碼
深圳	重點實驗室名單	依託深圳各大學及研究院所建設，涵蓋電子信息、互聯網、生物、先進製造等眾多領域	http://www.irshare.cn/sztr/typeOfLab?typeoflab=0	
	工程中心名單	深圳企業設立的工程研究開發中心，主要涵蓋信息技術、生物醫藥和其他產業細分領域	http://www.irshare.cn/sztr/typeOfLab?typeoflab=1	
	公共技術服務平台名單	為深圳中小企業的創新研發提供服務的平台，彌補單個企業研發能力不足等問題	http://www.irshare.cn/sztr/typeOfLab?typeoflab=2	
	工程中心名單	深圳企業設立的工程研究開發中心，主要涵蓋信息技術、生物醫藥和其他產業細分領域	http://www.irshare.cn/sztr/typeOfLab?typeoflab=1	
廣州	科技創新服務平台	包括研究院和在廣州從事研究開發的企業	http://guangzhou.kjzxfw.com/keyan/list.html?type=0&sort=default&ver=&cat=0	

城市	科研平台	介紹	網址	二維碼
東莞	科研機構名單	包括研究院和在東莞從事研究開發的企業	http://dongguan.kjzxfw.com/keyan/list.html?type=0&sort=default&ver=&cat=0	

除此之外，廣東省已設立實驗室體系共享平台，由國家重點實驗室、公共實驗室、重點科研基地和企業重點實驗室組成。

廣東省重點實驗室名錄：http://www.gdkjzy.net/bszy/sysbjgxbs/cdsysml/index.shtml

做研發的初創企業可以和大學的實驗室、研究所合作,不僅可以提升科技感,也能有助高新科技企業的申請,從而獲得更優厚的政策優惠。此外,企業可接觸大學的科技處,以了解學校有哪些可供合作的研究所、實驗室,並通過科技處來與相關部門取得聯繫,商談具體合作事宜。需要注意的是,考慮到企業與大學的合作不是純粹的商業行為,且大學教授有其本職工作,因此在合作研發時,為保證務實的產出,企業的研發方向應與教授的研究或教學內容高度相關。

——廣東省某大學工程學院院長

25. 如何找到供應商(包括打版、生產、原材料)?

初來甫到,人生地不熟,如何找到可靠供應商實為一大心事。誠然可以通過供應商網上平台、展會或本地市場/商舖尋得,然而更高效的方法是,通過同行/孵化器/行業組織的推薦,減少試錯成本,甚至還可直接聘請本地採購為您分憂。

(1) 和同行/孵化器/行業組織交流:請同行/孵化器推薦使用過、有保障的供應商。亦可加入行業協會、採購聯盟、採購師協會等。很多組織會分享有用資訊。不過組織魚龍混雜,加入前要先充分了解。

(2) 招聘本地採購:如果資金充裕,也可選擇聘用有資源和經驗的當地採購。

(3) 供應商網上平台:可搜索了解全國甚至全球供應商信息及口碑。常見的網站有:

▪ 《2018在粵香港服務業企業名冊》(http://www.hkservicedirectoryingd.gov.hk/) 由駐粵辦、香港貿易發展局、及中國香港(地區)商會一廣東聯合彙編,收錄了上千家珠三角地區的香港服務業企業資料,業務范疇涵蓋金融服務、專業服務、房地產服務、企業服務、生活服務、生產性服務、綜合服務、政府及公共機構等領域。

▪ 阿里巴巴1688（https://www.1688.com/）是專業的批發和採購平台，覆蓋中國各行業資源，提供從原料採購－生產加工－現貨批發等一系列供應服務。此外，也提供公司黃頁供中小企業了解供應商全面信息（https://huangye.1688.com/）。

▪ 香港貿發網採購（https://sourcing.hktdc.com/tc）是香港貿發局研發的採購平台。可查詢香港、廣東省為主的貨物、製造商、出口商、入口商信息。

▪ 亞馬遜Amazon（https://www.amazon.com/）搜尋全球供應商的專業平台。

▪ 不同的行業，還有垂直的行業網站，例如電子元器件採購網（http://www.hqchip.com/）、化工產品網（http://www.chemcp.com/）塑料機械網（http://www.86pla.com/）等。

(4) 專業的行業展會、廣交會： 與供應商面對面接觸，了解更直觀，便於建立長期合作。

▪ 廣交會網站：http://www.cantonfair.org.cn/en/index.aspx

(5) 本地市場/商舖： 尋找本地市場進貨，是尋找貨源最簡單的方法。優點是更新快，品種多；缺點是容易斷貨，品質不易控制。

初創公司通常用不起大的供應商，但小的供應商質量又良莠不齊，這也會導致額外不必要的多次迭代。

——香港X科技創業平台聯合創始人　李澤湘教授

26. 有哪些需要或可以辦理的檢驗、檢測與認證[39]?

部分行業主要檢驗、檢測與認證一覽表

類別	檢驗、檢測與認證名稱	簡單描述
綜合	國家高新技術企業認證	認證條件、辦事流程可以登入高新技術企業認定管理工作網 http://www.innocom.gov.cn/
	ISO9001認證	國際標準化組織（ISO）制定的質量管理體系標準
	ISO14001認證	ISO制定的環境管理體系標準
	OHSAS18001認證	由英國標準協會、挪威船級社等個組織制定的職業健康及安全的管理體系標準
互聯網及信息技術[40]	軟件產品和軟件企業評估	由北京市軟件和信息服務業協會針對會員企業開展
	「可信網站」驗證服務	通過第三方認證和審核來確保網站真實的認證服務，賦予企業網站「網絡身份證」
	ITSS信息技術服務認證	用於指導實施標準化和可信賴的IT服務
	第三方支付許可證	該申請對公司註冊資本有嚴格要求，由中國人民銀行負責頒發和管理
	藍牙認證	任何使用藍牙無線技術的產品所必須經過的證明程序
機器人	中國機器人產品CR認證[41]	國家對機器人行業的產品規範認證，主要認證對象包括工業機器人、服務機器人、機器人零部件、機器人應用集成系統等

63

39.在檢驗、檢測、認證查詢及辦理過程中可能會用到的平台有：中國國家認證認可監督管理委員會（國家認監委）http://www.cnca.gov.cn/；全國認證認可信息公共服務平台（認e雲）http://cx.cnca.cn/CertECloud/index/index-/page；中國合格評定國家認可委員會https://www.cnas.org.cn/。

40.其他無線通訊產品檢測認證請參考：https://bit.ly/2U7PnMr。

41.參考認證機構：國家機器人檢測與評定中心（國家機器人質量監督檢驗中心）http://www.nrtac.com/。

類別	檢驗、檢測與認證名稱	簡單描述
生物醫藥	藥品保健品檢測 [42]	用以檢測產品質量安全、價值藥效、生產配方等
工業工程	音視頻集成工程企業資質等級評定	由中國音像協會制定和發佈的音頻、視頻、燈光、智能視訊系統集成工程企業資質等級評定規則，資質評定由企業自願申請
	電子產品驗證 [43]	涵蓋電磁兼容、無線射頻、安規檢測、化學檢測、可靠性檢測等
	建築檢測	比如建築節能材料、裝飾裝修材料、水電類材料、市政交通工程材料檢測等

27. 目前大灣區商品自由流通還有一些障礙，那麼大灣區產品如何便利通關？

在貨物貿易領域，現時所有符合雙方商定的《內地與香港關於建立更緊密經貿關係的安排》（CEPA）原產地規則的香港產品，均可享受零關稅優惠進口內地。

大灣區內設置了兩項通關便利的措施：

（1）跨境一鎖計劃：兩地海關應用電子鎖和全球定位系統設備，減少同一批貨物在進出口時由兩地海關重複檢查，加快貨物通關流程。現時，「跨境一鎖計劃」已覆蓋內地廣東省51個清關點，聯同香港的12個清關點，合共提供612條路線給業界選擇[44]。

（2）「認可經濟營運商」互認安排：獲兩地海關認證為「認可經濟營運商」的企業所付運的貨物可享兩地通關便利措施，例如減少海關查驗及優先接受清關等。

---

42. 具體服務項目請參考：https://bit.ly/2H0bwZu。
43. 具體服務項目請參考：http://www.anobel.org.cn/
44. 請參考香港海關網站相關內容https://bit.ly/2Sp7vzB。

「認可經濟營運商」資格詳見https://www.customs.gov.hk/tc/trade_facilitation/aeo/status/index.html。

申請「認可經濟營運商」的程序詳見https://www.customs.gov.hk/tc/trade_facilitation/aeo/process/index.html[45]。

---

45. 更多關於香港「認可經濟營運商計劃」的常見問題，見香港海關網站：https://bit.ly/2H0qP4k。

知識產權

28. 安身立命，核心技術誰來保護？

內地的知識產權類型主要有：商標權、專利權、著作權和商業秘密。知識產權對企業經營至關重要，是企業申請政府扶助項目、獲得融資的致勝法寶。初創企業要注意保護專利，及早申請專利，研發與專利並行。沒有知識產權在申請政府支持時寸步難行。

企業可通過知識產權申請的方式來保護核心技術。公司的商標（中文、英文、圖形）可申請商標專利；軟件類、保護代碼可申請軟件著作權；保護軟件的設計思路可申請發明專利；方法類可申請發明專利；產品結構改進可申請發明專利和實用新型專利；保護外觀可申請外觀專利權。

知識產權相關政策以及具體辦理，方法可參考以下政府機構網站：

國家知識產權局：http://www.sipo.gov.cn/

國家版權局：http://www.ncac.gov.cn/

國家市場監督管理總局：http://www.saic.gov.cn

中國保護知識產權網：http:// www.ipr.gov.cn/index.shtml

※由於申請知識產權所涉法律問題及程序複雜，企業若無勝任該工作的專職人員，可委託有信譽的知識產權代理公司代辦。

主要知識產權申請代辦費用一覽表

知識產權名稱	價格範圍	備註
商標	1,000-1,500元	個人申請：提供個體戶執照+身份證 單位申請：提供營業執照副本複印件
版權	美術作品800元/件 系列作品200元/件	35-40個工作日下證書
發明專利	5,500-8,000元	
實用新型專利	3,000元左右	如需辦理費減需滿足：企業納稅額不超過30萬元，個人收入不超過4.2萬元
外觀設計專利	1,000元左右	
計算機軟件著作權	1,000-70,000元	價格依據申請時長變動
國家高新技術企業認定	15,000-33,000元	—

註：價格僅供參考，價格依據代辦理時常有波動

(1) 專利成果只要具備理論實施可能或運行可能，就可申請專利。專利權的保護從申請日開始計算，發明人應盡早申請專利保護。

(2) 專利權人需繳納專利年費來維持專利有效。

(3) 專利保護年限：發明保護20年，實用新型和外觀設計保護10年。

(4) 如果商標註冊後3年未使用，可被其他人申請撤銷，從而使他人獲得該商標及權利，稱為「商標撤三」。

(5) 在登記軟件著作權時，需考慮多平台保護。

29. 香港註冊商標，在內地仍可使用與受保護嗎？

在香港註冊的商標可以在大陸使用，但不受當地法律保護。商標的權利是受地域範圍限制的，在大陸註冊的商標只受大陸知識產權的保護，在香港註冊的商標只受香港知識產權的保護。使用未經核准註冊的商標，一方面有可能侵犯他人已註冊商標的知識產權，另一方面也有可能使自己的權利難以得到及時、有效的保護。

目前商標的註冊登記管理和行政裁決的功能由國家知識產權局（http://www.cnipa.gov.cn/）負責。若出現爭議時，可向地方商標管理部門或地方市場監管部門投訴，也可以向人民法院起訴，但一般需聘用知識產權代理進行。

銷售

30. 在內地如何做銷售？

在內地銷售產品，建議僱用一個內地銷售人員，因為內地的銷售人員更了解內地銷售相關法規、銷售渠道，也能夠為公司設計一個可行性較強的銷售策略。

同時，建議參考香港貿發局「中國營商指南 —— 中國內銷」相關網頁[46]，當中涵蓋了「外資企業產品內銷策略」、「商業特許經營」、「需要3C認證的產品」等相關信息。

為協助香港企業把握國家「十二五」規劃的機遇，香港特別行政區政府於2012年6月推出一項總值10億港幣的「發展品牌、升級轉型及拓展內銷市場的專項基金」（簡稱「BUD專項基金」）。任何有助個別香港企業透過發展品牌、升級轉型及/或拓展內銷以開拓及發展內地市場的項目均可申請資助，每個項目最高可獲一百萬港幣資助，每間企業可獲資助的項目上限為最多10個項目，最高累積資助金額為100萬港幣。

如：

範疇	例子
發展品牌	品牌發展策略與計劃釐訂、品牌定位及形象設計、品牌評審及市場研調、品牌推廣等
升級轉型	新產品設計、新技術引進、管理體系提升、生產自動化等
拓展內銷市場	內銷市場研究、內銷策略與計劃釐訂、內銷渠道建立、產品/服務推廣等

詳情請查閱BUD專項基金官網：
https://www.bud.hkpc.org/en/content/enhanced-mainland-programme

31. 在內地利用廣告推銷商品或服務時須符合哪些規定？

按照《廣告管理條例施行細則》，廣告客戶申請發佈廣告，須提交相應的證明，包括：

- 企業和個體工商戶須交驗營業執照

- 機關、團體、事業單位提交本單位的證明

- 個人提交鄉、鎮人民政府、街道辦事處或所在單位的證明

- 外國企業常駐代表機構，須交驗國家工商行政管理總局頒發的《外國企業在中國常駐代表機構登記證》

至於外國企業（組織）、外籍人員在內地承攬和發佈廣告，須委託在中國註冊的具有廣告經營資格的企業代理承辦。

在中國內地利用廣告推銷商品或服務，包括自行或委託他人設計、製作、發佈廣告的自然人、法人或其他組織，均須符合《中華人民共和國廣告法》規定，及對特定產品、服務的有關要求，例如涉及專利產品、醫療、藥品、醫療器械、保健食品、煙草製品、酒類、教育、培訓、招商、房地產等。

五、「天使」降臨送真金[47]

創業是長跑，補足能量很重要。對於初創公司來說，最重要的能量是甚麼？當然是錢啊！資金規模，在相當程度上就決定了公司在初創時期擁有多強勁的「初始動力」。隨著目前地方政府對科技創新的日益重視，內地政府投入了大量資源支持初創科技企業，隨著《粵港澳大灣區規劃綱要》的出台，也將有更多支持港澳青年來大灣區內地城市創業的優惠政策落地。您除了可以向活躍的風險投資機構申請融資、進入創業孵化平台獲得扶持或參加豐富的創業大賽，獲得創業第一道助力之外，還有大量政府資源可以爭取——例如可通過申請政府資助項目、利用融資優惠政策向商業銀行等機構借款。

根據創科香港基金會的前期調查，受訪者普遍認為內地政府投入了大量資源支持初創科技企業，是理想的創業與發展空間。2019年兩會期間，在人民大會堂召開粵港澳大灣區建設領導小組第二次全體會議再次提出鼓勵港澳青年到大灣區內地九市創新創業，尤其是廣東省將為到當地創業的港澳青年，提供與廣東青年同樣的培訓及創業補貼，更是令人興奮。

但現實的問題是不少香港創業者仍覺得並無抓手：政府的支持有哪些？如何申請？又有哪些融資渠道？希望您能在本節找到答案。

同時需要提醒的是，政府政策申請並非易事，根據申請資質妥善選擇匹配的資助計劃進行申請，「天使」降臨送真金雖好，但「打鐵還需自身硬」，「項目發展」依然為首要關注點，畢竟市場驅動嘛！

32. 創業相關的政府資金支持有哪些？

部分政府資助政策申請門檻較高，建議初創公司申請前核對下公司條件與發展階段是否滿足申請條件，再決定是否要申請。

——內地創業港青、Silicool 創辦人　Terry

47. 政府政策每年略有變動，請以官網為準。

政府的資助政策繁多，但並非均適用於科技類初創企業。建議重點關注科創委、經信委、中小企業服務署、區級科技創新局、經濟促進局等官方網站，即時獲取相關信息。

大灣區內地城市各級/各地政府部分[48]資金支持項目一覽表

省市	政策名稱	政策內容
廣東省	優秀創業項目資助[49]	獲得廣東省人社廳牽頭舉辦的創新創業大賽特等獎的項目可獲10萬-20萬資助； 獲得省級以上創業大賽前三名並在廣東登記註冊的創業項目可獲5萬-20萬落地註冊項目資助； 社會公開徵集評定的優秀項目可獲得5萬-20萬元的資助
	珠江人才計劃創新創業團隊資金補助	省財政給予每個團隊不低於1,000萬元，最高1億元的資助資金
	揚帆計劃 創新創業團隊資金資助	按檔次分別給予800萬、500萬、300萬資助（並享受揚帆計劃資助資金）
廣州	「贏在廣州」 廣州創業大賽獎勵	獲獎創業項目給予5萬-20萬的一次性補助
	廣州優秀項目補貼	申報優秀創業項目，經專家評審團評估認定納入項目資源庫的創業項目（連鎖加盟類除外），按每個項目2,000萬元標準給予補貼
	番禺區「青藍計劃」扶持	在港澳台青年創新創業基地註冊並實際營運滿3個月以上的創業企業項目，一次性給予5萬-20萬的啟動資金扶持

---

48. 各地政府以廣州、深圳、東莞為例。
49. 具體資助及申報規則，可參見廣東省人力資源和社會保障廳關於省級優秀創業項目資助的管理辦法。

省市	政策名稱	政策內容
廣州	《廣州市天河區推動港澳青年創新創業發展實施辦法》落戶獎勵	支持港澳高校項目在天河落地孵化，受港澳高校、港澳科技園推薦/自行申報成功的項目可同時獲得落戶獎勵和租金補貼兩項支持，每個支持項目給予10萬元人民幣落戶獎勵
	創業帶動就業補貼	招用3人（含3人）以下的，按每人2,000元給予補貼；招用3人以上的，每增加1人給予3,000元補貼，每戶企業補貼總額最高不超過3萬
深圳	深圳創業項目資金資助	對符合條件的創客個人、創客團隊項目，給予最高50萬資助。
	羅湖區創業資金支持	適用於C類「菁英人才」，創業項目通過考察後可獲20萬的一次性創業補貼
	深圳高層次人才獎勵補貼 [50]	對引進的海外高層次人才，給予80萬-150萬的獎勵補貼
	深圳市出國留學人員創業前期費用補貼	來深圳創業的留學人員如成立公司且符合資助條件，依據專兼針對項目先進行和可行性的評定，可獲30萬-100萬的項目補助，特別優秀的項目最高可獲500萬資助

---

50. 人才認定的具體要求詳見《深圳市海外高層次海外留學人才（孔雀計劃）認定辦法》。

（續）

省市	政策名稱	政策內容
東莞	東莞松山湖港澳青年人才創新創業專項資金	人才補貼：每個項目可獲得20萬啟動資金，申請人須是香港永久居民或持港澳高校畢業證書的留學生，證明已租賃場地即可申請
		辦公場地租金補貼：2年內可享面積不超過100 平方米，單位面積租金價格不超過45元/平方米的辦公場地租金補貼； 港澳籍人士或港澳台留學生，可享受2年內實際租賃面積內不超過60平方米，月租金總額不超過1,800元的房租補貼

（1）建議著重考慮市與區的資助項目，省級及國家級較難申請；同時，通過參加有影響力的孵化器平台、參加創業大賽脫穎而出，也將增加成功申請資助項目的可能性。

（2）深圳各區政府資金自主資助政策各有特點和側重。南山區對資助項目要求較高，更建議參加創業大賽獲得扶持；龍崗區、龍華區資助力度大，可申請高新企業獎勵和科技企業投入研發補貼；福田區規定，2015年1月1日以後被認定為國家高新技術企業資格的轄區企業，其董事長、總經理或技術（團隊）負責人可獲「福田英才」認證，對其按產業發展貢獻度給予最高80萬元的引才獎勵。

企業不能只靠扶持政策才能生存，這樣是不可持續的。

——深圳前海管理局香港事務首席聯絡官　洪為民博士

33. 如何提高政府資助項目的申請通過率？

(1) 每年度政府項目有申報總量上的限制，盡量在了解所有可申報項目後選擇政策偏好與經營業務契合度最高的項目進行申請，提高通過率。

(2) 申報時間長，半年到一年不等；原因在於政府部門職責不同、項目審核需要時間。

(3) 項目現多採取事後補貼：收集財務數據和發票，根據開支申報補貼。

(4) 若申報成功，需要及時配合項目過程中的各階段驗收及檢查。

政府支持項目往往在政府網頁上會有寫明申請要求，但僅看網上的信息，通常大家不會完全理解。比較好的方式是通過孵化器的平台，找有申請經驗的人討論一下；同時，每個政府支持項目都會有一個項目對接人，聯繫方式也會在網頁上公開，因此在正式申請之前，也建議給對接人打電話，把不清楚的問題問明白會事半功倍……否則很難一次性申請成功。

——氮氧空間創辦人　Myriam

建議要和政府相關的負責部門去溝通，或者是你自己，或者是通過孵化平台的管理人員……因為僅看官網上的申請說明，很多信息是看不出來的。比如你是用你所在的孵化器的身份去申請成功率更高，還是用境外個人的身份申請成功率更高，單看說明你是看不出來的。

——香港X科技平台前海總部基地總經理　Rita

34. 集鳳築巢，支持初創企業融資的政府優惠政策有哪些？

大灣區內地城市初創企業融資的政府優惠政策一覽表

城市	政策名稱	貸款額度	貸款期限	申請者要求	貸款利率
深圳	創業擔保貸款[51]	個體經營：20萬 合夥經營：每人不超過20萬，總額不超過200萬	一般不超過2年，可申請展期	在當地登記註冊3年的小微型企業，個體工商戶；正常經營並在其初創企業依法繳交社會保險費的自主創業人員	個人首次申請且符合條件，由財政全額貼息
廣州	創業擔保貸款[52]	個體經營：20萬 合伙經營：每人不超過20萬，總額不超過200萬	一般不超過2年，可以申請展期	個體經營或合伙經營企業	基準利率上浮個點，市財政給予一定貼息
	科技型中小企業信貸風險補償資金池	商議決定	商議決定	滿足「科技型企業」要求的重型及以下規模的企業[53]	商議決定

---

51. 貸款對象及條件、貸款標準、貸款展期程序等詳見：https://bit.ly/2EcrHQf。
52. 具體管理辦法詳見：https://bit.ly/2IBjNWd。
53. 具體認定規則參照：https://bit.ly/2TaxJKV。

城市	政策名稱	貸款額度	貸款期限	申請者要求	貸款利率
東莞	小額創業貸款 [54]	分為5萬、10萬、15萬和20萬四檔，借款人可根據需要提出申請	最長不超過3年	需在當地有初創企業且有具體經營項目	貸款由財政全額貼息
廣東省	應收賬款 融資可通過「中徵應收賬款融資服務平台」選擇	雙向選擇	雙向選擇	雙向選擇	雙向選擇
	融資再擔保 通過「廣東省再擔保有限公司」[55]辦理	雙向選擇	雙向選擇	雙向選擇	雙向選擇

融資服務平台：

廣州、東莞：中小企業信用信息與融資對接平台 [56]
深圳：深圳市創業創新金融服務平台 [57]

在大灣區，還可通過知識產權/股權/排污權/碳排放權質押融資、股權基金融資和融資租賃等方式進行融資，可聯絡金融服務機構了解具體情況

---

54. 相關政策解讀詳見：https://bit.ly/2tBE17L。
55. 廣東省融資再擔保有限公司：http://www.utrustfrg.cn。
56. 相關網頁見：https://finance.gzebsc.cn。
57. 深圳金服：https://www.o-banks.cn。

35. 好風憑藉力，大灣區可信賴的投資機構有哪些？

一方面，可關注行業內較有公信力的機構發佈的投資機構排行榜單，如清科集團、投中網等機構每年都會發佈不同類別的投資機構排行榜單，再看其中有哪些機構在大灣區較為活躍；另一方面可以關注與地方政府母基金合作的創投機構，經過政府篩選，往往更可信，且又有較多地方資源。

創業者可以找FA（理財顧問）幫忙融資。一般規模在10人以上的FA，都可以考慮，通常融到錢後才收服務費，服務費一般在3%-5%，最高也有可能達到10%。

對於投資機構，初創公司千萬不要想發個電郵BP過去人家就會看，因為內地的項目可能多到朋友轉介的都看不過來，更不用說電郵。因此建議做兩件事：參加比賽是接觸投資方的一個好途徑，另一個方法是在內地作好PR宣傳，這樣有些投資機構會主動找上門。

——MAD Gaze智能眼鏡公司創辦人　鄭文輝

36. 大灣區活躍的創業孵化平台有哪些？

大灣區的孵化器建設主體多元化，有政府及公共服務機構和社會專業團體建設的平台，也有產業地產項目按要求由政府指定配套的創新性用房，還有各投資主體和企業參與社會服務項目。大灣區各地會針對不同類型不同行業不同服務質量給予評審認定，並給予一定的補貼，包括公共配套設施建設、企業入駐資金補貼和風投項目資金配套等。

部分大灣區活躍的創業孵化平台一覽表（排名不分先後）

平台名稱	服務範疇	地址
阿里巴巴創業孵化平台	提供創業扶持資源、孵化器入駐以及投融資對接服務 https://chuangke.aliyun.com	廣州市荔灣區芳村大道東2號嶺南v谷鶴翔小鎮創意園

(續)

平台名稱	服務範疇	地址
mouldlao 創客工廠	提供資本、品牌、人才、信息化等服務， 且提供創業導師 http://mouldlao.cn	深圳市寶安區紅湖路168號
香港X科技 創業平台	提供孵化器入駐、資金扶持、創業者交流 平台及培訓機會 http://www.hkxtech.com/	深圳市前海深港合作區前灣一路35號前海深港青年夢工 場5棟1層113室
深港產學研前 海孵化中心	提供技術轉移、企業孵化、創業投資 http://www.ier.org.cn/	深圳市高新技術產業園南區深港產學研基地大樓
香港科技大學 藍海灣孵化港 （前海）	匯聚深港兩地的技術、創業、創投、產業等 資源，為創業團隊提供孵化服務 http://www.szier2.cn/lhw/lhw_profile.html	深圳市南山區粵興一道9號香港科大深圳產學研大樓 314-315
IDG創業孵 化中心	推動海內外高新技術與資本對接、提 供線上線下指導課程 http://cn.idgcapital.com/	深圳市前海深港青年夢工場
前海深港國 際區塊鏈孵 化器	提供開放辦公空間服務、基於區塊鏈節點的 聯合辦公管理系統服務、區塊鏈技術支撐、 解決方案諮詢、公共關係對接、產業資本對 接等核心功能服務	深圳市前海深港青年夢工場
力合星空	提供創業資源、服務、活動、投資、 國際合作機會 http://www.leaguer-star.com/	深圳南山清華信息港科研樓

平台名稱	服務範疇	地址
中科院深圳育成中心	集投資與企業孵化為一體的綜合性產業技術創新與轉化機構（總部一期項目將於2019年上半年竣工）http://www.siat.cas.cn/	深圳市龍崗區平湖街道金融與現代服務業基地
美國硅谷高創會	集人才、技術、資金為一體的中美兩岸高端國際交流平台 http://www.svief.org/	通過前海夢工廠對接
深圳市創展谷創新創業中心有限公司	創業資源的導入及「孵化、加速、基地+眾籌」3+1全過程服務體系 http://www.idhcn.com/	深圳市南山區軟件產業基地5棟C座2-3層
險峰華興	集合辦公、住宿、餐飲、人才交流與創業服務於一體的一站式創業園區 http://www.k2vc.com/	險峰長青辦公空間（深圳）前海青年夢工場
前海厚德孵化器	深港兩地創新型的創業服務和天使投資生態系統 http://houde.vc/	深圳市南山區前灣一路前海深港青年夢工場創業園A座（底層）
松山湖國際機器人產業基地	提供創業導師、資金支持、便捷供應鏈、辦公場所，主要關注機器人相關行業 http://www.xbotpark.com/	東莞市松山湖科技產業園區
i黑馬/創業黑馬	提供創業創辦人培訓等多元化創業支持服務 http://www.iheima.com/	線上資源支持

平台名稱	服務範疇	地址
創業邦	提供辦公空間"Demo Space"，同時提供創業資訊、媒體互動、創業孵化、融資等服務https://www.cyzone.cn/	深圳南山產業基地4棟D座210/廣州越秀區星光映影A中心16層
騰訊眾創空間	提供辦公場地服務，並通過騰訊創業服務平台提供輔助服務 https://c.qq.com/base/index	廣州/深圳/香港
Brinc全球投資加速器	專注國際、國內物聯網、人工智能、無人機、機器人和食品創新科技項目的孵化 https://www.brinc.io/	香港/廣州
優客工廠	以提供聯合辦公空間為主 https://www.urwork.cn	廣州/深圳/東莞松山湖
We Work	以提供聯合辦公空間為主 https://www.wework.cn/	廣州大馬站商業中心/深圳TCL大廈
氪空間	以提供聯合辦公空間為主，同時提供「36氪」線上創業資源扶持 https://www.krspace.cn/	廣州市海珠區新港中路397號TIT創意園
中國青創板	青年創新創業項目投融資對接服務 http://www.chinayouthgem.com/index	廣州

平台名稱	服務範疇	地址
太庫深圳	專注科技創業企業孵化，提供跨境加速、產業、創新大賽等資源對接 http://www.techcode.com/	深圳南山科技園怡化金融科技大廈
深圳產學研合作促進會孵化空間	為科技創業企業提供企業全生命週期孵化服務 www.sziur.com/h-col-169.html	深圳市南山區深圳灣科技生態園9棟A2座23樓

37. C位出道，創業大賽有哪些？

創業初期，項目規模較小的團隊較難獲得政府扶助項目或風險投資。創業大賽能為初創型企業和創業項目搭建C位出道的平台，為其提供資金支持、創業指導、項目落地幫扶以及團隊曝光機會等。

大灣區內地城市主要創業大賽一覽表

級別	名稱	時間[58] (以2018年為例)	參賽要求		上榜理由及官方網站
			登記註冊公司	確認學籍	
國家級	中國「互聯網+」大學生創新創業大賽	3-9月	否	是	支持高校人才、技術、項目和市場、資本對接服務 https://cy.ncss.cn/

---

58. 創業大賽每年辦賽時間不完全一致，請以當年大賽官方通知為準。

級別	名稱	時間 （以2018年為例）	參賽要求		上榜理由及官方網站
			登記註冊公司	確認學籍	
國家級	「創客中國」國際創新創業大賽	5-12月	否	否	百萬現金獎勵，幫助對接千萬美元融資機遇和大咖投資人 https://www.wtoip.com/ipiecglobal/
國家級	中國創新創業大賽港澳台賽	8月31日 截止報名	是	否	獲獎隊伍可獲5萬-15萬元的獎金，並提供項目診斷、行業分析、品牌戰略、技術服務等創業指導，以及廣東省各地政府10萬-100萬元的落地補貼和其他落戶政策支持 www.cxcyds-hmt.cn
省級	廣東「眾創杯」創業創新大賽	6月 截止報名	否	否	資金、孵化場地、創業融資支持等 http://www.gdhrss.gov.cn
省級	「創青春」廣東青年創新創業大賽暨粵港澳大灣區青年創新創業大賽	4-12月	否	否	百萬現金獎勵，創業導師跟進輔導，對接中國青創版資本市場，提供一對一訂製孵化服務，獲獎者可優享20億元創業貸款授信額度等 www.zgqingchuang.com
市級及以下	中國深圳創新創業大賽	6月15日	否	否	大賽設立獎金和3,000萬的創賽專項資助，對接政府創業資助、銀政企合作貼息資助和股權有償資助，吸納4.5億元社會創投資本，提供大賽合作銀行授信優惠、大賽創投對接服務平台、孵化器場地優惠等支持政策，讓參賽項目在大賽中每晉一級，均可獲得相應支持，並擇優選送參與國家賽；創投機構將提供免費商業運營和管理的諮詢，幫助創業者實現創業和發展目標 http://cn.itcsz.cn

級別	名稱	時間 (以2018年為例)	參賽要求		上榜理由及官方網站
			登記註冊公司	確認學籍	
市級及以下	深圳寶安創新創業大賽	6月15日	否	否	5萬-50萬元獎金，國家創新創業大賽總決賽獲得者額外獎勵50萬-100萬元 http://www.baochuangsai.cn
	粵港澳台大學生創新創業大賽	7月2日-10月7日	否	否	1萬-10萬元獎金，不少於500萬元的投融資支持，入圍團隊推選進入番禺區青藍計劃，為期1年免費創業培訓 http://hbik.com.cn/ghmsme/index.html
	前海深港澳青年創新創業大賽	6月 截止報名	否	否	投融資服務，免費入駐前海深港青年夢工場1年/中國青年創業社區1年，享受前海相關稅收政策，全方位創業輔助服務 http://www.yhmec.com
	創新南山「創業之星」大賽	5月 開始報名	否	否	大賽獎金總額為700萬，獎項設置分為行業獎、總決賽獎和單項獎三部分，三者互不衝突，可進行疊加獲得；今年大賽還全面實現線上化、電子化，方便選手參賽 https://star.sznsibi.org/#/outline

（續）

級別	名稱	時間 （以2018年為例）	參賽要求		上榜理由及官方網站
			登記註 冊公司	確認學籍	
市級及 以下	青創杯廣州青年 創新創業大賽	3月 截止報名	否	否	最高10萬元獎金+免租+系統扶持 https://www.gz12355.net/UInnovation/
	廣州南沙香港科大百 萬獎金（國際）創業 大賽	每年 3月開始	否	否	4萬-50萬元現金獎勵 http://www.onemilliondollar.hk.cn
香港	「數碼港創意微型基 金」（跨界計劃）之 「數碼港粵港青年創 業計劃」	11月 截止報名	否	否	每個成功申請計劃的項目可獲港幣10萬資助額，在6個月計劃期內，將創新概念付諸實踐，建立產品雛形，印證其原創概念。數碼港及粵港兩地協辦機構亦會為成功申請計劃的項目提供創業諮詢及投資配對服務 https://www.cyberport.hk/zh_tw/cross-boundary-programme

六、續Fun大灣區

跨境創業，挑戰不僅僅是在工作。對於初來乍到者，要解決的問題可著實不少。衣食住行，內地城市都和香港有不小區別。磨刀不誤砍柴工，安頓好生活，才能更好地創業。

從另一方面看，雖然我們知道，很多偉大的創業者都是工作狂，為了改變世界不惜犧牲個人生活。但是，粵港澳大灣區風景秀麗，美食眾多，在工作之餘，不妨勞逸結合，給自己放個假，體驗下大灣區不同的人文自然環境，讓自己更好地融入新城市，或許會更有利於自己的事業呢！

38. 在大灣區生活，需要辦戶口嗎？

不需要。 香港居民持有效港澳居民來往內地通行證（回鄉證）、在內地居住半年以上，符合合法穩定就業、合法穩定住所、連續就讀這幾項條件之一，便可去所在居住地公安機關指定的居住證受理點辦理港澳台居民居住證。持證人可在內地居住地依法享有三項權利、六項基本公共服務、九項便利，涵蓋就業、教育、醫療、旅遊、金融等日常生活範疇。

2018年起，香港居民在廣東省內辦理港澳居民居住證，遞交申請後10個工作日內即可拿證，時間已從20個工作日縮減一半。

甚麼是三項權利、六項基本公共服務、九項便利？

三項權利：1. 勞動就業；2. 參加社會保險；3. 繳存、提取和使用住房公積金

六項基本公共服務：1. 義務教育；2. 基本公共就業服務；3. 基本公共衛生服務；4. 公共文化體育服務；5. 法律援助和其他法律服務；6. 國家及居住地規定的其他基本公共服務

九項便利：1. 乘坐國內航班、火車等交通運輸工具；2. 住宿旅館；3. 辦理銀行、保險、證券和期貨等金融業務；4. 與內地居民同等待遇購物、購買公園及各類文體場館門票、進行文化娛樂商旅等消費活動；5. 在居住地辦理機動車登記；6. 在居住地申領機動車駕駛證；7. 在居住地報名參加職業資格考試、申請授予職業資格；8. 在居住地辦理生育服務登記；9. 國家及居住地規定的其他便利

39. 兩點一線，住宿通勤如何解決？

為匯聚大灣區創業英才，深圳前海管理局提供住房補貼和配套的人才公寓，除此之外，還提供第一年的交通補助。

如果創業者為廣東省「人才優粵卡」持有者或滿足該卡的申請要求，可在網上申辦後[59]，依據相關政策購買自住商品房、享受相關安居保障政策或按規定免費入住人才驛站。

其他地區不享受政策優惠的創業青年，可通過各類合法租房或購房平台選擇舒適住房。

以下途徑可供參考：

（1）房屋中介服務平台：如鏈家，房源真實，實景拍攝，但中介費偏高。

（2）O2O公寓：如蘑菇、自如租房等，房子精修，且提供額外配套服務（清潔、維修等），多為單身公寓，適合白領。

（3）直租平台：如住多多，提供公寓長租和房東直租服務，收房門檻高，房源質量高，價格實惠。

（4）分類信息平台：如58同城、趕集網，房源最多，但需識別虛假房源。

40.跨境交通是否便利？有哪些選擇？

交通方面，大灣區大部分地區公共交通發達，港珠澳大橋、廣深港高速鐵路香港段（高鐵香港段）和蓮塘/香園圍口岸[60]開通，大大縮短往來不同城市的時間。

（1）港珠澳大橋：可乘坐24小時口岸穿梭巴士（俗稱「金巴」）往返香港口岸和珠海口岸。出入境時需攜帶香港智能身份證以自助方式過關E-道。支持上車購票。持有「中港車牌」或「粵港經港珠澳大橋口岸通行商務車輛牌證」的車輛，也可以通過港珠澳大橋來往粵港兩地。

（2）跨境巴士：分為「短途過境巴士」及「長途過境巴士」。短途服務只往返深圳各個邊境口岸，長途過境服務則深入深圳市區內，或其他廣東省城市。可直接到各市區站點買票上車。需注意，由內地到香港的車費只接受人民幣支付。

關於過境巴士服務詳情
可掃描右側二維碼：

---

59. 廣東省人才優粵卡網上申辦網頁：http://yyk.gdrc.gov.cn/。

60. 蓮塘/香園圍口岸是香港首個備有「人車直達」設施的道路口岸。口岸及深圳東部過境高速全線開通後，由香港大埔至深圳龍崗的平均行車時間可減少約22分鐘。

（3）廣九直通車：往返紅磡站（於中國鐵路系統中稱作九龍站）與廣東省廣州東站的列車。支持手機APP、電話和網上購票。經香港系統預訂的車票必須在香港取票。

（4）高鐵：以香港西九龍為出發或到達站。香港購票途徑包括票務處、售票機、網上購票和電話購票（2120-0888）。內地購票途徑主要為12306手機APP和官網。乘坐高鐵時，需使用港澳居民來往內地通行證或港澳台居民身份證。

關於廣九直通車網上購票
可掃描右側二維碼：

關於高鐵網上購票
可掃描右側二維碼：

（5）城市內部公共交通：無需身份證明。

不少報導錯誤指出通過港澳居民來往內地通行證（回鄉證）無法網上購買高鐵票，事實上持港澳居民來往內地通行證與港澳台居民居住證均可網上購買高鐵、火車票。仍有不便之處在於12306網站需要內地電話號碼，難以便利港人購買。

41.普通話不佳，會否影響大灣區生活？

在大灣區，粵語仍是普遍使用的語言，您不會感到陌生，但普通話會幫助您的生意有更好的發展。

42.如何使用移動支付暢遊大灣區？

支付寶以及微信支付在內地幾乎全覆蓋，從交通、購物、餐飲等方面基本滿足所有支付需求，香港和澳門也正快速

擴展，是暢遊大灣區三個貨幣區的有效工具。近年來也出現了香港版的支付寶和微信支付，但究竟如何使用才最方便？

目前，支付寶HK和內地版支付寶均可在粵港使用。但是，微信支付HK目前在內地支持的商戶十分有限，因此建議使用內地版微信支付。

43.大灣區香港創業者子女的教育怎麼辦？

在深圳，港籍學童可在公辦學校接受義務教育，申請參加積分入學，與當地學童同等待遇。在廣州、珠海、東莞、中山等市，港籍學童亦可根據父母居住年限、納稅、任職機構等條件參加積分入學。

「人才優粵卡」持卡者子女享受與當地居民子女同等待遇，如確實無法就讀公辦學校者，可由當地教育局協調就讀民辦學校。

44.香港居民如何辦理銀行賬戶？

內地四大銀行包括中國銀行、中國建設銀行、中國農業銀行、中國工商銀行。香港居民辦理開戶需要提供港澳居民往來內地通行證、香港居民身份證、護照、居留證、臨時居留證等證件。具體可參考以上四大銀行的網站。

45.如何辦理手機號碼？

在內地有三大網絡營運商，分別為中國移動、中國電信和中國聯通。三大營運商在資費、信號強弱、信號覆蓋範圍、業務辦理等方面有細微差別，但差別不大。目前，有關部門正在推動攜號轉網業務，未來，在內地選擇網路運營商將更為自由。

手機卡可以在營運商網站、營運商業務網點、網絡代理點（例如淘寶）等處辦理，建議選擇營運商官方辦理點辦理手續。

需要注意的是，持有香港戶口的創業者在內地辦理電話卡時，須提供香港居民身份證或回鄉證在電話卡辦理處登記；若在香港代銷商購買內地號碼，也需提供香港居民身份證登記。

營運商資訊及業務辦理電話：中國移動10086、中國電信10000、中國聯通10010。

46. 忙裏偷閒，廣州吃喝玩樂去哪裏？

廣州是一座歷史與現代感並存的南方城市，有富嶺南風味的商業騎樓、日夜人聲鼎沸的大排檔、精美的歐洲風情建築和現代化的建築群。

廣州是中國傳統粵菜的發源地，按人口比例計算，廣州擁有全國最多的餐館。您可在上下九步行、北京路、中山路、一德路等地方在老商業「騎樓」下散步，以喝茶開始一天的生活，或在深夜走到大排檔大快朵頤，再乘船夜遊珠江。

您可去歐陸風情的沙面、屋頂精美絕倫的陳家祠、日出觀賞最佳點南海神廟，以感受廣州濃厚的歷史感。若您是藝術愛好者，可到訪前身為廣州鷹金錢食品廠的紅磚廠創意生活區看展覽，去沙灣古鎮欣賞大量極具嶺南特色的磚雕、木雕、壁畫等藝術品和沙灣飄色、獅舞、廣東音樂等非物質文化遺產。在越秀區還有「廣州畫廊」之稱的文德路，您可以在這裏挑選中國傳統、西方、非洲等風格各異的工藝品。每年還有彙集眾多高水準的演出的廣州爵士音樂節和以戲劇為主題的廣州藝術節，分別在年末和秋季舉行。

另外，「花城」廣州四季常青、鮮花常開，每年9至12月會舉辦秋花節，賞心悅目的城市風景想必是生活工作和旅行的極佳選擇。

關於美食娛樂的綜合資訊，您可通過大眾點評、美團、大麥、淘票票、摩天輪票務、iMuseum、VART、豆瓣等APP將吃喝玩樂信息「一網打盡」。有關常用APP的詳細介紹請見Q49。

47. 勞逸結合，深圳吃喝玩樂去哪裏？

深圳比鄰香港，相信您對這座城並不陌生。除了新興經濟和快節奏生活，深圳更是一座兼具自然與人文風景的城市。

您可以到東涌看第一縷陽光，登上深圳最高山——梧桐山看明斯克航母和沙頭角，更可以去蓮花山公園，俯瞰深圳全景，您可以到觀瀾版畫村看看這個「深圳最美麗的鄉村」，更不能錯過紅樹林自然保護區這個絕美去處。

飲食方面，除了現代化的酒店、酒樓、咖啡館，傳統茶館、茶餐廳和街邊小店亦能讓你大快朵頤。烤生蠔、客家釀豆腐、魚蓉燒賣等都是「資深吃貨」不可錯過的經典美食。

深圳文化活動極為豐富。春有「深圳設計週」，秋有以「人人都是戲劇+」為宗旨的「南山藝術節」、「深圳國際藝術博覽會」、「深圳國際攝影週」，冬有「深圳獨立動畫雙年展」、「深港設計雙城展」和以街區和廣場為舞台的「深圳灣藝穗節」等。

48. 張弛有度，東莞吃喝玩樂去哪裏？

東莞有能帶人「穿越」時空的虎門戰爭博物館、虎門大橋、威遠炮台，有被人譽為「可羨人間福地，園誇天上仙宮」的清代廣東四大名園之一的「東莞可園」。這裏還有東莞第一峰——銀屏山、大屏障森林公園和佛教聖地觀音山這樣滌蕩心靈的靜謐之處。您也可以在被紅磚牆和綠藤包裹的下壩坊散步，順便品嚐明爐燒鵝、厚街瀨粉等粵菜佳餚。

還有一些傳統節日活動不容錯過，例如洪梅花燈節、東莞龍舟文化節、望牛墩七夕文化節等。

49. 手有哪些APP，心裏才不發慌？

除了全球通用的常用出行娛樂APP，如TripAdvisor、Booking、Uber、Airbnb，以下還列出大灣區及內地常用的部分APP供您參考。（排名不分先後）

類別	APP名稱	內容範圍
支付	支付寶Ali Pay	線上線下電子支付 開通WeChat Pay及支付寶，只需三個步驟 （1）開通內地電話卡；（2）申請內地銀行賬戶；（3）開通WeChat Pay及支付寶。
	微信支付WeChat Pay	
美食與綜合推薦	大眾點評	美食/電影/演出/酒店/娛樂/酒吧等綜合推薦與套餐購買
	美團	
	餓了麼	美食外賣
	手機淘寶	綜合購物軟件

（續）

類別	APP名稱	內容範圍
出行	滴滴出行（包含滴滴單車）	網絡預約出租車或其他出行專車
	首汽約車	
	神州專車	
	摩拜單車	共享單車
	攜程旅行	出行交通住宿預訂及出行攻略
	去哪兒旅行	
	飛豬出行	
	馬蜂窩自由行	
	12306官方APP	中國鐵路總公司官方訂票APP
	百度地圖	地區及導航
	高德導航	
	航旅縱橫	查看航班情況
音樂推薦	網易雲音樂	音樂與社交
	QQ音樂	
	蝦米音樂	

類別	APP名稱	內容範圍
文藝活動	大麥	戲劇/演唱會/展覽票務
	淘票票	
	摩天輪票務	
	iMuseum	展覽資訊
	VART	
	豆瓣	社交與文藝活動

註：1.以上APP均可在Apple Store和安卓平台APP商城下載
2.下載後需經過手機號或微信/QQ等社交軟件賬號/郵箱賬號認證註冊，請保管好您的個人信息

50. 想跨境駕駛，要如何申請？

要駕車過境，司機和車輛須獲得有關當局批准。你須申請內地駕駛證、由廣東省公安廳為車輛和司機簽發的「粵港澳機動車輛往來及駕駛員駕車批准通知書」（俗稱「批文」），以及運輸署為車輛發出的「封閉道路通行許可證」。此外，你亦須在內地辦妥其他有關手續。

詳情請看香港政府一站通網站最新資訊。

關於香港政府一站通網站
可掃描右側二維碼：

結語

儘管並非自己創業，但在《闖闖大灣區 2019——香港創業者的第一本灣區攻略》的創作過程中，我們便已經對創業者的艱辛與不易有了深切的感受：僅僅是對創業過程中的一些基本問題做些梳理，就已經是一件頗有挑戰的工作，創業之難，從中可見一斑。

雖然不易，但我們認為這是一件極其有意義的工作。不久前，《粵港澳大灣區發展規劃綱要》發佈，讓人對大灣區的未來充滿遐想。可以想見，未來將有越來越多的香港創業者進入大灣區的內地城市，開拓自己的事業。在這個特殊的時間節點，我們希望能為這個歷史進程發一點光熱，為無數的創業者貢獻自己一份微薄的力量。

在創作這本灣區攻略的過程中，越是深入，我們便越是感到力有不逮。一方面，我們希望通過自己的工作，為創業者們提供盡可能多的借鑑和助力；另一方面，我們深知自己的經驗、知識不足以為創業者們提供面面俱到的幫助。畢竟創業是做出來，而不是寫出來的。

這本攻略，內容涵蓋創業起始階段所需的方方面面，我們力求在有限的篇幅裏讓香港創業者了解兩地與創業相關的法、財、稅以及辦事流程等方面的異同，為香港創業者從踏入大灣區城市開始走向內地市場，最大程度地提供一些操作方面的便捷，從而減少因海量信息、兩地差異帶來的陌生感或畏懼感，把到大灣區創業的觀望、猶疑變成可操作、可預期的啟動、執行。

因此，我們要特別感謝為這本攻略的誕生提供過幫助的所有人。普華永道的同仁們為攻略貢獻了非常專業翔實的修改和補充意見，還有諸多夥伴機構從各自角度提供了大量務實而重要的建議和意見，沒有大家的幫助和支持，絕對不可能有這本攻略的誕生。

此外，我們要單獨致謝大灣區共同家園青年公益基金，有了他們的獨家出版支持，這本書才得以通過香港三聯書店正式出版，更加精緻、精確地呈現給更多讀者。

而當這本小作與您見面之日，我們也有一份對您的邀請和期待：無論您是否已經開始創業，或者僅僅對大灣區的創業、就業、生活等方方面面有興趣了解、有問題待解答、有困難需解決、有設想要表達，我們都期待並邀請您和我們一起繼續這趟走進大灣區的創業之路。隨著大灣區的發展，區域內的創業生態也在逐漸成熟和變化，我們相信，有了您的支持和幫助，這本寫於2019年初的創業攻略也將在日後突破時間限制，不斷迭代更新，跟著創業者的步伐一起「跑起來」。

近代史上的不少重大變化，都是由偉大的創業者推動的，他們不僅改變了自己的生活，也往往成為大眾甚至時代的「塑像」。當然，創業未必一定成功，但不創業，你可能失去一個讓生命變得不一樣的機會。因此，《闖闖大灣區2019》工作組祝福每一個讀者在平凡裏有新的開闖，在闖蕩裏有新的收穫。這既是對奮鬥拚搏、開拓創新的創業精神的禮讚和崇敬，也是對未來大灣區蒸蒸日上的美好期許。

致謝

感謝普華永道諮詢（深圳）有限公司各位同仁作為本書智力夥伴對初稿的多次審閱與建議，
包括：

江凱　　　普華永道諮詢（深圳）有限公司合夥人
熊小年　　普華永道諮詢（深圳）有限公司總監
馬瑩　　　普華永道諮詢（深圳）有限公司總監
許惠君　　普華永道諮詢（深圳）有限公司總監
劉燕　　　普華永道諮詢（深圳）有限公司高級經理
陳安然　　普華永道諮詢（深圳）有限公司高級顧問

特別鳴謝

本書的完成有賴於關心香港/大灣區創科人才發展的社會各界人士給予的寶貴意見，在此我們向各位表示誠摯感謝：

陳迪源先生　香港創科發展協會會長

陳啟業先生　利豐研究中心商務拓展經理

陳慶桃先生　香港數碼港管理有限公司生態圈及夥伴合作組高級經理

陳人凡女士　興證國際分析員

陳雙幸教授　香港科技大學創業中心主任

陳賢翰先生　壹品空間建築設計有限公司設計總監、廣州市天河區港澳青年之家副主任

陳偉忠先生　香港科技園科技創業培育計劃高級經理

陳正偉先生　雲通科技助理總經理、橙新聞總監

程海群女士　中倫文德律師事務所高級合夥人

洪為民博士　JP, 全國人大代表、前海管理局香港事務首席聯絡官

黃克強先生　香港科技園公司行政總裁

黃海珊女士　南方都市報首席編輯、粵港澳大灣區工作室主持人

黃麗芳女士　前海國際聯絡服務有限公司總經理

李澤湘教授　香港X科技創業平台聯合創始人、香港科技大學教授、大疆創新董事長

李英豪先生　錢方QFPay創始人兼CEO

李嘉峰先生　Smilie笑舒CEO

林惠斌先生　廣州市天河區港澳青年之家主任、香港惠益集團有限公司董事總經理

廖櫻女士　　　　Press Logic企業戰略副總裁

劉穎女士　　　　品圖科技首席執行官

劉鄭重先生　　　中國銀行前海蛇口分行公司金融部客戶經理

羅范椒芬女士　　GBM, GBS, JP, 香港特別行政區行政會議成員

潘俐文女士　　　Brinc中國執行總裁

彭昕先生　　　　安永（中國）企業諮詢有限公司人力資本與組織轉型諮詢服務合夥人

譚金慶先生　　　香港X科技創業平台前海總部基地投資經理

湯毅韜先生　　　創業者

汪鵬先生　　　　香港理工大學企業發展院科技轉移及創業培育經理

孫小涵女士　　　香港中文大學工商管理學院學生

向榮女士　　　　松山湖機器人產業基地知識產權、政府關係負責人

蕭瀟女士　　　　松山湖機器人產業基地投資經理

趙育穎女士　　　香港X科技創業平台前海總部基地總經理

張克科先生　　　深港科技合作促進會會長

鄭文輝先生　　　MAD Gaze智能眼鏡公司創辦人

鄭鐸明先生　　　快法務一站式創業法律服務平台

朱奎燊先生　　　深圳市前海深港現代服務業合作區管理局香港事務處（對外合作處）主任

97

*以上根據姓氏拼音排名，不分先後

機構介紹

創科香港基金會（Hong Kong X Foundation）：

Hong Kong X Foundation
創 科 香 港 基 金 會

創科香港基金會是紅杉資本（中國）發起的公益基金會，作為紅杉資本（中國）企業社會責任的重要載體之一，兼具智庫與倡導型公益機構屬性，致力於推動香港創科生態發展，支持香港青年科技創新創業，並推動香港及粵港澳大灣區發展成為國際創新科技中心。創科香港基金會設有顧問委員會、工業諮詢委員會，及青年委員會。騰訊集團董事會主席兼首席執行官馬化騰先生擔任基金會榮譽主席。

創科香港基金會依託紅杉資本（中國）十多年支持中國創新創業、科技強國的厚實經驗，專業能力及前瞻性眼光，通過開展一系列創新性的創科公益項目，以及創科領域智庫研究，激活、調動廣泛資源支持香港青年科技創新創業，聯動產學研，打造適合香港的創科之路。

基金會於2017年9月及2018年9月分別發佈了《跑贏智能時代──香港科技創新創業白皮書》及《創科發展 人才先行》報告，為香港創科生態及人才發展提供策略性建議。基金會還率先以創科人才大灣區合作發展為目標，在2018年打造了大灣區首個香港青年創業加速項目「X-PLAN 創科超人團」。

大灣區共同家園青年公益基金：

 大灣區共同家園青年公益基金
Greater Bay Area Homeland Youth Community Foundation

新時代、新灣區、新機遇。聯合各界青年領袖的「大灣區共同家園青年公益基金」，於2018年12月成立，以「助青年 創明天」為使命，其宗旨是集合粵港澳大灣區精英資源，以青年為出發點，為青年發展搭台、搭梯、搭橋，幫助青年解決在學業及就業等方面遇到的實際困難，積極面對挑戰，同時助力粵港澳大灣區開放合作，互利共贏，共享發展，改善民生。

基金標誌：11隻彩色蝴蝶圍繞在一起飛翔，象徵著大灣區9+2地區（9個城市，2個特別行政區）的共同發展，一起為青年於大灣區打造一個包容性強、開放度高和更好實現夢想的社會環境。

責任編輯　　李　斌

封面設計　　毛　意

書　　名　　闖闖大灣區2019——香港創業者的第一本灣區攻略
策　　劃　　創科香港基金會
總策劃/主編　慕林杉
總 協 調　　陳業裕
執行主編　　林穎楠
編 寫 組　　蘆垚　林穎楠　閻妍　方哲婧

出　　版　　三聯書店（香港）有限公司
　　　　　　香港北角英皇道 499 號北角工業大廈 20 樓
　　　　　　Joint Publishing (H.K.) Co., Ltd.
　　　　　　20/F., North Point Industrial Building,
　　　　　　499 King's Road, North Point, Hong Kong

發　　行　　香港聯合書刊物流有限公司
　　　　　　香港新界大埔汀麗路 36 號 3 字樓

印　　刷　　中華商務彩色印刷有限公司
　　　　　　香港新界大埔汀麗路 36 號 14 字樓

版　　次　　2019 年 7 月香港第一版第一次印刷

規　　格　　12 開（220 mm × 220 mm）120 面

國際書號　　ISBN 978-962-04-4518-7

　　　　　　© 2019 Joint Publishing (Hong Kong) Co., Ltd.

　　　　　　Published in Hong Kong

免責聲明

本書僅為根據現行法律及實際操作而準備的一般性論述，參考資料主要來自相關機構的公開網頁。雖然編寫組力求準確性與時效性，但本書不旨在構成大灣區創業注意事項的全面論述，且由於法律法規不時變化以及個人情況有所不同，本書提供資訊及分析可能不適用於您的具體情況，在您做出決策之前，需要自行核實資訊的準確性與適用性或尋求專業諮詢服務。

創科香港基金會或任何聯屬機構對本書的內容概不負責，對其準確性或完整性亦不做出任何聲明。本書中所有估計、意見及建議乃基於截至本書日期的有關資料而做出的判斷，創科香港基金會不會就使用本書或其內容而產生的任何直接或間接由此招致的損失承擔任何責任。本書應與任何合約或承諾被共同予以依賴。

另外，本書所提供資訊無意構成廣告，不為文中提及任何機構、產品、服務或引用的文字資料做宣傳或業務招攬。

版權聲明

本書版權屬創科香港基金會（Hong Kong X Foundation）所有，任何機構或個人未經授權不得轉載、摘編或利用其他方式使用該作品。已經授權使用作品的，應在授權範圍內使用，並注明「來源：《闖闖大灣區 2019——香港創業者的第一本灣區攻略》」。

對於不遵守本聲明和／或其他侵權違法行為，創科香港基金會保留追究其法律責任的權利。

如有其他問題，請聯繫 GBAguidebook@hkxfoundation.org。